图书在版编目(CIP)数据

封锁机场跑道的SEA建模与评估方法/李新其著. —
北京:国防工业出版社, 2021.4
ISBN 978-7-118-12309-8

Ⅰ.①封…　Ⅱ.①李…　Ⅲ.①导弹—武器系统—作战
效能—研究　Ⅳ.①TJ760.6

中国版本图书馆CIP数据核字(2021)第057468号

※

国防工业出版社出版发行
(北京市海淀区紫竹院南路23号　邮政编码100048)
三河市腾飞印务有限公司印刷
新华书店经售
*

开本 710×1000　1/16　**印张** 13¼　**字数** 218千字
2021年4月第1版第1次印刷　**印数** 1—1500册　**定价** 99.00元

国防书店:(010)88540777　　书店传真:(010)88540776
发行业务:(010)88540717　　发行传真:(010)88540762

致　读　者

本书由中央军委装备发展部**国防科技图书出版基金**资助出版。

为了促进国防科技和武器装备发展，加强社会主义物质文明和精神文明建设，培养优秀科技人才，确保国防科技优秀图书的出版，原国防科工委于1988年初决定每年拨出专款，设立国防科技图书出版基金，成立评审委员会，扶持、审定出版国防科技优秀图书。这是一项具有深远意义的创举。

国防科技图书出版基金资助的对象是：

1. 在国防科学技术领域中，学术水平高，内容有创见，在学科上居领先地位的基础科学理论图书；在工程技术理论方面有突破的应用科学专著。

2. 学术思想新颖，内容具体、实用，对国防科技和武器装备发展具有较大推动作用的专著；密切结合国防现代化和武器装备现代化需要的高新技术内容的专著。

3. 有重要发展前景和有重大开拓使用价值，密切结合国防现代化和武器装备现代化需要的新工艺、新材料内容的专著。

4. 填补目前我国科技领域空白并具有军事应用前景的薄弱学科和边缘学科的科技图书。

国防科技图书出版基金评审委员会在中央军委装备发展部的领导下开展工作，负责掌握出版基金的使用方向，评审受理的图书选题，决定资助的图书选题和资助金额，以及决定中断或取消资助等。经评审给予资助的图书，由中央军委装备发展部国防工业出版社出版发行。

国防科技和武器装备发展已经取得了举世瞩目的成就，国防科技图书承担着记载和弘扬这些成就，积累和传播科技知识的使命。开展好评审工作，使有限的基金发挥出巨大的效能，需要不断摸索、认真总结和及时改进，更需要国防科技和武器装备建设战线广大科技工作者、专家、教授，以及社会各界朋友的热情支持。

让我们携起手来，为祖国昌盛、科技腾飞、出版繁荣而共同奋斗！

国防科技图书出版基金

评审委员会

作者简介

李新其,男,湖南娄底人,1975 年生,博士,教授,陕西高校青年创新团队带头人。主要研究方向为作战效能分析的方法与理论、任务规划与作战仿真。先后主持完成了国家“863”课题 4 项、国防创新特区基金课题 2 项、国家社科基金课题 2 项、其他课题 20 余项;各类教学成果奖十余项;以第一作者发表论文 100 余篇,获奖 20 余篇;出版专著 2 部。

序　　言

复杂系统效能分析,不仅在武器系统效费分析中广泛涉及,也在行动效果评估、作战方案论证、火力筹划及兵力优化中频繁遇到,探索合适的效能评估理论方法一直是效能分析领域学术界的热点问题。“一把钥匙开一把锁”,在效能分析中并不存在通用的、“放之四海”而皆准的效能分析方法,尤其是作战效能分析问题,更要结合武器性能、具体对象及作战环境,根据其特点选择适当的建模方法。在导弹作战已经成为当今主要作战样式的大背景下,如何采用科学的方法准确评估导弹武器对各类目标的作战效能成为了导弹作战运用研究领域中的重难点问题。为此,需要结合导弹作战运用特点,发展新型效能分析方法与效能评估技术支持手段。

本书着眼于解决复杂动态环境下导弹作战效能分析的理论方法问题,具有以下学术价值。一是完整推导出了子母弹封锁打击机场跑道作战效果分析的解析模型。从作战效能分析理论的基本原理出发,结合子母弹大范围抛撒,分段切割机场跑道封锁作战特点,推导出了导弹武器封锁打击机场跑道作战效能分析的解析方法。二是探索并成功构建了运用 SEA 方法描述复杂动态环境下系统效能分析的案例。当前用于导弹武器系统作战效能分析的主要是 ADC 方法。但是,由于 ADC 方法是建立在系统状态划分及其条件概率转换矩阵的基础上的,当复杂系统状态维数较多时,随着矩阵维数的急剧“膨胀”会导致“维数灾”,故在使用 ADC 方法将作战过程中的动态性特性准确描述出来时往往存在较大难度,如何采取有效方法描述复杂动态环境下的系统效能分析成为作战运用研究领域中的技术难题。本书根据导弹攻击机场跑道作战使用特点,尝试运用 SEA 效能分析理论,构建导弹武器封锁机场跑道作战效能仿真的框架体系和作战效能的分析模型,对深化理解 SEA 方法的思想、加强 SEA 方法在军事领域中的推广应用、促进 SEA 方法的工程化应用起到一定的示范作用。

本书可应用于研究导弹武器系统的效费分析、作战方预案评估、耗弹量计算、打击效果预测分析与毁伤效果评估等作战运用的诸多问题,既可为推广应用

SEA 等先进效能分析方法在导弹武器作战运用中的应用研究提供丰富案例,也为作战问题研究提供新的定量化研究手段和借鉴思路,还可以进一步丰富和发展导弹作战军事运筹应用理论。

司光亚

2020 年 10 月于北京

前　言

复杂系统的效能分析问题，不仅存在于军事领域，在其他自然科学与社会科学诸多领域都有所涉及，它是一个非常困难又很有价值的研究课题，一直是效能分析领域学术界的热点问题。目前用于导弹武器系统作战效能分析的主要是ADC方法。但是，由于ADC方法是建立在系统状态划分及其条件概率转换矩阵的基础上的，当复杂系统状态维数较多时，随着矩阵维数的急剧“膨胀”，会导致“维数灾”，故难以使用ADC方法将作战过程中的动态特性准确地描述出来。如何采取有效的方法描述复杂动态环境下的系统效能成为作战运用研究领域中的技术难题。

SEA方法即系统效能分析方法。SEA数值算法对于研究复杂系统的效能分析问题具有AHP、指数法、模糊综合评判等其他方法难以比拟的优势。本书结合导弹封锁机场作战效能分析所具有的多指标、非线性、整体性突出等特点，以评判导弹对机场目标的封锁效能为应用背景，以为导弹精确打击作战效能分析提供理论依据和技术实现手段为研究目的。通过运用SEA效能分析理论，给出了此类复杂系统效能分析的完整建模方法，具有较高的学术价值。

本书主要开展了3个方面的工作。一是对复杂动态环境下系统作战效能分析的基础理论问题进行了深入研究。结合SEA方法的基础原理，主要就体系能力如何度量、多属性性能量度如何选取、需求指标与系统指标映射关系如何定量化描述等重点难点问题展开了深入研究。二是完整地推导出了子母弹打击机场跑道作战效果分析的解析模型。从作战效能分析的基本原理出发，结合子母弹抛撒分段切割机场跑道封锁作战特点，较为规范地建立了导弹武器封锁机场跑道作战效能分析的框架结构及作战效能分析的各类模型。三是探索了运用SEA方法进行复杂动态环境下系统效能分析的成功案例。本书根据导弹攻击机场跑道作战使用特点，在所构建的框架体系和作战效能分析模型的基础上，运用SEA数值算法，阐述该效能模型在导弹武器系统效费分析、作战方预案评估、耗弹量计算及打击效果预测等方面的应用。对深化理解SEA方法的思想，加强SEA方法在军事领域中的推广应用，起到了一定的示范作用。

全书共分为8章。第1章为绪论,主要阐述了效能、作战效能的定义及效能分析的基本方法。第2章介绍了SEA数值算法的原理,重点介绍了SEA方法的概念语言、建模步骤及系统效能分析的难点。第3章就机场目标特性进行了分析并研究了导弹突击机场作战效能准则的选取问题。第4章从SEA效能分析理论的基本原理出发,阐明了导弹封锁机场跑道作战效能分析的基本思路。第5章和第6章运用SEA方法,构建了导弹封锁机场跑道作战效能分析的框架结构及作战效能分析的解析模型。第7章主要示范如何运用SEA方法进行作战效能分析具体应用。第8章就SEA方法与其他方法在导弹武器作战效能分析领域的应用情况进行了比较分析,并结合作战仿真技术发展,探讨了SEA数值算法在其他作战运用领域的广阔应用前景。

本书的读者对象主要是军事运筹学、作战指挥学教员,作战仿真、装备效能分析研究人员,研究生学员。

本书的出版可为推广先进效能分析手段在导弹武器作战运用中的应用研究提供翔实的案例;本书的研究成果也可供导弹武器系统效费分析、作战方预案评估、弹量计算、打击效果的预报与毁伤效果评估等作战运用问题的研究提供一种新的科学理论和技术实现手段,对于促进军事运筹应用理论的丰富和发展也有裨益。

作　者

2020年11月

目　录

Contents

第1章　效能、作战效能与效能分析方法

作战效能评估是一项涉及领域广、指标层次复杂、评估方法多样的系统工程。对它的研究是一个从简单到复杂、从原始到高级、从单一方法到多种方法的不断完善与发展的过程。

我国自20世纪70年代进行武器装备的效能评估研究以来，随着研究的不断深入，已经取得了令人鼓舞的研究成果，在许多问题上研究人员已经取得了共识。但是也应看到，由于研究人员考虑问题角度的不同，以及在理解认识能力方面的差异，在作战效能评估研究领域，先后出现了单项效能、系统效能、综合效能、体系效能和作战效能等关于效能的不同概念，同时还存在着对效能、效率、效应、效果、效力、效用、效益等基本概念的不同理解。因此，本章首先研究关于武器系统作战效能的一些基本概念，以澄清作战效能的内涵与外延，明确研究条件，并简要介绍作战效能评估的特点与方法步骤。

1.1　对效能定义的理解

1.1.1　效率、效果、效应、效益和效能

效率、效果、效应、效力、效用、效益和效能几个词具有不同的定义。

1. 效率

在《辞海》中，“效率”（efficiency）一词定义为：“泛指日常工作中所消耗的劳动量与所获得的劳动效果的比率”[1]，是指在给定资源的条件下，用户所能获得效益的量度。从投入产出理论角度讲，效率可以简单理解为：“输出效益与输入资源定量指标的比值”[2]。“效率”一词应用于武器装备效能评估时，描述的主要还是武器系统对目标实施打击时的经济性。使用武器对目标实施火力毁伤时，目的往往是希望能以最少的弹药或弹量造成敌方目标最大的毁伤。例如，现在有两套打击方案，在相同射击条件下，发射相同数量弹药，方案一比方案二能给敌方造成更大毁伤，方案一的射击效率当然更高；又如，同样是两套打击方案相比较，要取得同样的毁伤结果，应该是所需平均耗弹量较少者，其效率为高。因此，效率用于武器装备效能评估时，是指武器装备使用一定的作战资源所能得

到的系统输出的量度,可以将其理解为系统的“投入”与“产出”之比[3]。

将“效率”引入到现代枪械、火炮等直瞄式自动武器的射击理论领域,便出现了“射击效率”一词。“射击效率”可以理解为用于描述弹药对目标射击时,达到预定目的程度的一个数量;或者说是武器打击目标所达到预定打击效果之程度的定量描述指标[4],是研究弹药命中目标及命中目标后对目标结构的毁伤作用情况,主要描述弹药对目标的射击效果。其度量指标一般为某值的数学期望,如毁伤概率、平均毁伤目标数、平均毁伤长度、平均毁伤面积、平均相对毁伤目标数、平均相对毁伤长度、平均相对毁伤面积、至少平均相对毁伤目标数、至少平均相对毁伤长度、至少平均相对毁伤面积等。

但是对导弹武器而言,是否可以直接使用“射击效率”一词描述导弹武器的打击效果,是存在争议的。首先,由于导弹武器射程远,操作使用复杂,在作战使用上不同于枪械、火炮等直瞄武器,故用射击一词描述导弹武器的作战使用并不适当;其次,从称呼习惯上讲,我们更习惯于称其为“导弹发射”[5],而非“导弹射击”,在《中国人民解放军军语》中也有“导弹发射”专门词条。是否可以用“发射效率”一词描述导弹武器的打击效果呢?也不合适。主要是因为导弹武器系统专业中,有专门的发射、瞄准专业,“发射效率”很容易被误解为导弹发瞄专业内的一个名词。综上分析,将“效率”引入到导弹武器火力运用理论领域时,用“打击效率”一词作为“导弹打击目标所达到预定打击效果之程度的定量描述指标”更为适当。至于其度量指标,则与“射击效率”所使用的基本上可以通用。这里所说的基本上可以通用,当然并不是指可全部通用。随着对本书研究的深入,读者很快就会发现,在描述导弹对机场跑道封锁效率时,直瞄武器所使用的射击效果的当前度量指标,都无法满足导弹分段切割封锁跑道打击效率的描述需要,需要构建新的打击效率度量指标。

2. 效果

在《辞海》中,“效果”(effect)一词的含义是:“由行为产生的有效的结果”[5]。该词应用于武器装备时,主要表征武器系统对目标造成的打击结果,包含硬毁伤和软毁伤两种结果。

在导弹武器火力运用理论中,“效果”一词常以“毁伤效果”的形式出现。毁伤效果描述对目标造成的破坏或杀伤的程度。由于作战指挥员更为关注武器装备对目标所造成的打击结果,即使用某种数量的武器打击目标会造成目标多大程度的毁伤,或要让目标毁伤到期望的效果需要耗费多少弹药,这两类问题其实对应着两种最优化方案:其一,在打击目标、对抗环境、保障条件、运用方法、耗弹量相同的情况下,能够给敌方造成更大毁伤或有更大把握完成作战任务的方案,即为最优方案;其二,在上述条件下,取得同样毁伤效果,但是所需耗弹量少者,为最优方案[6]。

在导弹武器的火力运用领域，毁伤效果常常用于研究导弹命中目标及命中目标后对目标结构的毁伤作用情况，一般用于对上级作战意图与作战任务的量化、分析工作过程中，采用诸如轻微毁伤、中度毁伤和严重毁伤等毁伤效果等级术语描述与刻画对目标的打击结果。

3. 效应

在《现代汉语词典》中解释“效应”(effect)为：“物理或化学作用所产生的效果”[7]。该词应用于描述武器装备杀伤破坏效果时，主要表示弹药爆炸后，通过化学反应释放出能量，与战斗部其他部件配合形成金属射流、破片、冲击波等杀伤因素，作用于目标后，所产生的效果。

在导弹武器火力运用领域，“效应”一词常以“毁伤效应”的形式出现，指战斗部爆炸对人员和物体等目标造成的杀伤破坏作用及效果，又称为“杀伤破坏效应”[8]。对于常规战斗部而言，其毁伤效应一般包括侵彻效应、爆破效应、杀伤效应和破甲效应等[9]。

4. 效力

《现代汉语词典》中解释“效力”(efficacious)为：“事物所产生的有利的作用”[10]。该词一般用于炮兵射击理论，以“效力射”的形式出现。“效力射”是指炮兵以较精确的射击诸元，对目标进行有效的射击，以达到预期的战术目的。在效力射中，通过观察射击效果，可进行必要的射击修正[11]。在导弹武器火力运用领域，效力一词使用较少。

5. 效用

由《辞海》可知，“效用”(utility)是政治经济学的习用名词，指人们在消费物质或劳务时所感受的满足，并且它的大小决定于各人的主观评价[12]。通俗地说，效用就是指某一事物或某项结果(如某一商品，某一备选方案等)能够满足有关决策者的欲望的能力。

“效用”一词常用于论证与决策过程中。在日常工作或生活中，人们经常会遇到如下现象：不同的人(专家或决策者)，对相同的事情有时持不同的态度(或称偏好)，因而产生大相径庭的决策。例如，对一个在沙漠中艰难跋涉、极度干渴的旅客而言，一杯水可以使他不至于死亡。因此，这杯水对他来说具有很大的效用。必要时，他可以用一颗钻石去交换这一杯水。他对这杯水的主观评价在当时、当地对他的行为起着决定性的作用。由此可见，效用是相对的，具有一定主观性。在军事上，它可以表示在不同条件下系统所表现的价值和有效性。

6. 效益

“效益”(benefit)一词的应用比较普遍，它是人们从经济的角度思考问题，专指用户从系统获得的利益。在军事上,是指由于使用某一个武器装备系统而在军事上获得的好处,一般包括直接的效益、间接的效益和无形的效益。

7. 效能

从词义上讲,"效能"(effectiveness or efficacy)指的是系统执行规定任务所能达到的用户所企盼目标的程度,是系统内部蕴涵的和表现出的对用户有益(或有利)的作用[2]。简单地说,就是指在规定条件下达到规定使用目标的能力。

"效能"一词用于武器装备时,主要用来评价武器系统作战能力的优劣。复杂的武器装备往往具有一系列表征各种特性的战术技术性能参数,有时多达数十、数百个。显然,不能以其中的某一个参数指标评价武器装备的优劣,而是应当依据该武器装备所承担的具体任务,通过分析、综合,寻求能描述其完成具体分配任务能力的度量值,这就是效能。

应予以说明的是,能力和效能,在本书中主要有两点区别。

(1) 能力是军事系统在规定的环境条件下遂行规定任务达到规定目标的本领[13],强调在规定条件下的固有属性,这实际上接近于1.1.2节中对于系统效能的理解;效能则是指军事系统在具体的环境条件下遂行给定军事斗争任务达到预期可能目标的程度[13],侧重指具有该能力的系统在实际环境条件下的运行所能达到的目标结果,这实际上接近于1.1.2节中对作战效能的理解。

(2) 从系统的运行结果来看,效能说明实际结果符合系统设计能力对应结果的程度,而能力说明系统在规定条件下运行所能达到的目标结果。

综上所述,效率、效果、效应、效力、效用和效益,与效能在意义上都有一定的差别,不宜混用的;即使有的只是微妙的差别,也是不宜混用的。

可以用下面一段话总结它们之间的区别:由于火炮射击效率理论较为成熟,研究人员通常以此为基础,结合不同类型战斗部对不同目标的毁伤效应,构建毁伤效果指标计算模型,并辅以效用理论,从而完成导弹武器这些新型装备对某些作战任务综合效能的论证评估。

1.1.2 效能的分类

系统是由相互作用和相互依赖的若干组成部分有机地结合成具有特定功能的综合体[14]。当评价系统完成特定功能的能力时,任何系统都存在效能问题。随着系统的组成结构、工作任务范围和功能不同,效能的含义、效能分析的任务与评估均有所区别。因此,人们可以从不同的角度,用不同的方法定义效能。本节就文献资料中常见的单项效能、系统效能、作战效能、体系效能展开讨论。至于文献资料中出现的其他形式的效能概念,均可由它们进行表达。

1. 单项效能

单项效能是指就单一目的或单一行动(步骤)而言,使用武器所能达到的有效程度[2],如导弹武器系统的射击效能、指挥控制通信效能等。单项效能对应的是武器装备单一的作战行动,如侦察、干扰、布雷、射击等火力运用与火力保障中的各个基本环节。

从定义上看,单项效能主要对应于武器装备本身的战术技术性能指标以及对不同目标的射击效率指标,是武器系统的固有能力。例如,导弹的命中概率、覆盖概率、毁伤条件概率等都可以是单项效能的指标选择。武器的单项效能是研究武器系统效能、作战效能和体系效能的基础,其他形式的效能评估都是在得出武器的若干项单项效能后,通过归纳与综合,或采取了某些数学处理手段而得出的。

2. 系统效能

武器系统是由若干个具有独立功能的部分(子系统)有机结合成的整体,每个组成部分(子系统)又由若干部件或装置(亚子系统)、组件(次亚子系统)和零件或元器件组成。组成部分在作战过程中相互联系、相互支援、密切配合,充分发挥各自的作用,共同完成作战任务。

对于系统效能,并没有统一的标准,不同的组织往往根据自身研究的需要,有不同的定义。

美国工业界武器系统效能咨询委员会(WAEI - AC)提出的评价模型认为[15]:"系统效能是一个系统满足一组特定任务要求的程度度量,是系统的可用性、可信性和固有能力的函数。"美国航空无线电公司效能模型认为[16]:"系统效能是系统在规定条件下工作时,在规定的时间内满足使用要求的概率。"美国海军对于系统效能的定义则为[17]:"系统能在规定条件下和规定时间内完成规定任务之程度的指标"或"系统在规定时间内满足作战需求的概率"。

我国军用标准 GJB451—2005《可靠性维修性保障性术语》中规定的系统效能是:系统在规定的条件下和规定的时间内,满足一组特定任务要求的程度[18]。GJB1364—92《装备费用—效能分析》对系统效能采取如下定义:"系统效能是装备完成规定任务剖面能力的大小。"可以通俗地理解为武器系统完成给定任务的能力,又可称为"综合效能"[19]。

由此可见,"系统效能"是一个相对的、固定的量值,是站在全武器系统的高度,以规定的环境和装备为研究对象进行效能评估,需要考虑特定的使用环境和任务目标。

3. 作战效能

经过以上分析,明确了单项效能和系统效能的定义,它们是武器装备本身所固有的、静态的能力。但实际上,武器装备在作战使用时是处于激烈的作战对抗环境之中的,此时,由于敌方具有防护能力和再生恢复能力,再加上可能采取的反击、干扰和机动生存等对抗性措施,可能会使己方武器装备的部分功能受到削弱,甚至完全丧失。此时,对抗双方的作战能力是随时间而变化的,是一个动态变化的量。武器系统的单项效能与系统效能均不能较好的体现作战能力的这种动态变化的特点,必须寻求另外一种可以描述武器系统根据不同作战环境和作战对象完成不同作战任务的能力的概念。

GJB1364—92《装备费用—效能分析》对作战效能做了如下定义:“作战效能是指在预定或规定的作战使用环境以及考虑的组织、战略、战术、生存能力和威胁等条件,由代表性的人员使用该装备完成规定任务的能力。”[19]通俗地说,导弹武器系统作战效能是导弹部队在对抗环境条件下,完成规定作战任务的度量,其中包含了对导弹武器的作战运用。它是站在作战系统的高度,以动态变化的作战环境和装备系统为研究对象进行效能评估。

应该指出的是,也有一些学者认为,作战效能其实可区分为武器系统的作战效能和作战行动的作战效能两种类型[20]。其中,武器系统的作战效能基于武器系统效能,与运用武器系统的作战环境、兵力、指挥、目标特性以及目标的防御能力紧密相关;作战行动的作战效能则是指完成作战任务的有效程度。该观点中的武器系统的作战效能更接近于“综合效能”;作战行动的作战效能其含义其实与GJB1364—92《装备费用—效能分析》中的是一致的。

为便于读者区分系统效能和作战效能在概念上的区别,本书用图1.1予以说明。在图1.1中,系统效能用E_D表示,代表系统在设计之初的理想效能状态;但在实际使用过程中,系统表现出来的实际效能状态却是E_S,那么,系统的作战效能为

$$E = \frac{m(E_S \cap E_D)}{m(E_D)} \tag{1.1}$$

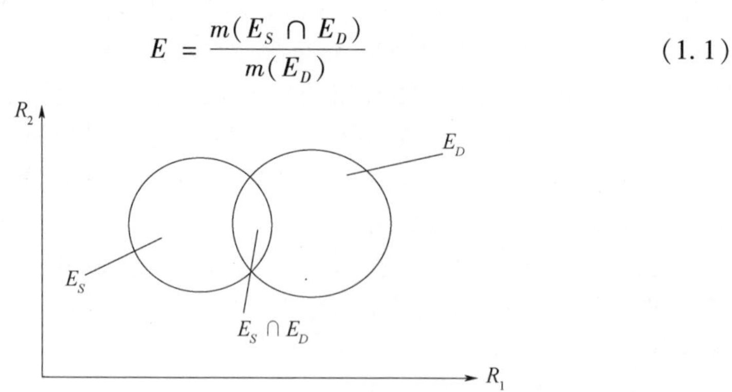

图1.1　系统效能与作战效能等概念的结果空间示意图

从图 1.1 可以直观地看出，代表系统设计之初的理想系统效能 E_D 圈与实际表现出来的效能 E_S 圈重合的部分较多，系统效能就高；反之，则认为系统效能低。

由此可见，装备或行动所设计或设想的作战效能，即使是再怎么考虑战场的复杂环境，都不可能与实际效能完全一致；有偏差是正常的，只要有偏差允许范围之内，也都是可以接受的。

4. 体系效能

1982 年 6 月，以色列空军对部署在贝卡谷地的叙利亚地面防空体系实施了先发制人的打击，在随后进行的空战中，以空军在预警机指挥和电子压制下，更是创造了以零伤亡击落叙空军 82 架战机的辉煌战绩[21]。贝卡谷地之战早已揭示，现代战争已经从单个武器平台之间的对抗向武器系统之间的对抗转变。伊拉克战争和阿富汗战争等几场战争表明，现代战争是高新技术条件下的战争，军事对抗双方不仅是高新技术武器的对抗，更是武器装备体系与体系之间的对抗。体系化已成为现代武器装备发展的趋势。各类武器装备和作战单元日益成为一个紧密连接的有机整体，任何一种主战兵器，要想充分发挥其作战效能，需要有更多、更可靠的战斗支援和各种保障，武器装备的配套性已经成为战斗力生成的重要条件。因此，为了充分发挥某类武器装备与其他相关武器装备的整体综合作战效能，在综合分析该类武器装备系统的装备体制与系列时，不仅要从部队联合作战能力出发，考虑各类武器装备在作战使用上进行战术配套的合理性，而且要从该类武器装备的技术与性能特征出发，考虑各种装备型号在技术性能方面配套的合理性，以及是否能充分发挥各种型号装备的自身作战效能。

因此，“体系效能”的提法是随着武器装备的发展，武器装备体系的逐步形成，以及对体系对抗作战问题研究的深入，而应运产生的。

“体系效能”是指特定的作战部队使用一定编制体制结构下的某一种武器装备集合所构成的作战系统，在执行作战行动中所能达到的预期目标的程度[7]。它是根据武器装备的作战使命和能力，综合考虑作战需求等因素所确定的有关武器装备的排列组合方式，并对作战环境、作战样式与方针、作战时间与地区、双方的作战部署、装备部署、作战阶段区分与任务、指挥控制与各种战斗保障等进行了描述与设计后，进行的整个装备体系的作战效能分析。

体系效能研究的最终目的就是要研究武器装备在作战使用方面的合理编配，按照科学的组合方式和最佳的使用方式，使其作战效能达到最大化。

1.2　效能指标的选取

正如我们评价一个人的容貌需要区分不同对象，采用不同的形容词进行评价一样，效能的强弱也是需要建立指标进行评价的。当我们描述一个男人的外貌时，通常可以用“帅气”“英俊”或“粗犷”等词评价；在评价女人外貌时，则可用“漂亮”“秀气”或“平常”等词评价。不同的评价对象，需要选取不同的评价词汇，要把握男女有别、老少有异的基本原则；否则，评价指标选取有误，是会弄成笑话的。效能指标的选取，同样需要注意把握选取的原则和方法。

1.2.1 效能指标的定义

为了评价比较作战效能的强弱，必须采用某种定量尺度进行数量计算。效能指标是对作战行动和武器系统效能评价的定量尺度。由于作战情况的复杂性和作战任务要求的多重性，效能评价常常不可能用单个效能指标表示，而需要用一组效能指标描述，这些效能指标分别表示作战行动和武器系统的各个重要属性。例如，衡量侦察装备的侦察能力，可用特定侦察范围内对目标的侦获概率表述；衡量武器系统的火力打击能力、对点目标，可采用摧毁概率，对面目标可采用平均毁伤面积为效能指标；作战行动的指标可采用歼敌数量、控制的区域和部队损耗等作为效能指标。

1.2.2 选取效能指标的原则

选择合适的效能指标/效能指标体系并使其量化，是做好效能评估的关键，在选择评价指标/指标体系时，通常应注意掌握以下几方面的原则。

(1) 针对性原则。即评价指标要面向评价任务，对于不同任务应采取不同的评价指标。

(2) 独立性原则。即选择的指标应相互独立。

(3) 可测性原则。即所选取的指标应当是能够定量表示的，定量值能够通过实际作战行动、军事演习、定量分析、计算机模拟和作战实验等途径获得数据。

(4) 完备性原则。即选择的指标应能覆盖评价任务所涉及的范围。

(5) 客观性原则。即所选取的指标要能客观地反映评价任务的实际情况。

(6) 简明性原则。即选择的指标应是易于被用户理解和接受的，这样便于对评价任务达成共识。

1.2.3 确定效能指标的基本方法

效能指标的确定需要在动态过程中反复综合平衡，有些指标可能要分解，有些指标则需要综合或删除；有些指标随着评估工作的深入，可能需要做出相应的变化。确定效能指标主要有以下几种方法。

(1) 根据拟解决的评估问题确定需度量的效能类型和范围。例如，对港口进行封锁,为评估封锁的可信性,要求评价敌对双方封锁、反封锁作战的海、空兵力的能力,以及其他如报复、反报复军事手段的有效性。

(2) 根据效能评估的应用目的选择效能指标的结构类型,确定单个指标、成组指标或指标体系。通常,评估封锁机场、港口等具体军事行动的作战行动效能,常采用能力指标体系的结构类型,即指标并不是只有一个。

(3) 根据评估应用目的,考虑数据获取的可能及计算的方便选择能力指标的量纲类型。效能指标的量纲应体现其军事“物理”含义,可按两类应用目的来处理:一类是按执行任务过程的“投入”定义,它度量系统所用资源的数、质量,体现军事能力形成的可度量因素,如作战能力指数或武器装备的数量质量等;另一类是按任务执行过程的“产出”定义,它度量军事系统执行任务达到目标的程度,体现军事能力“产出”的可度量结果,如用每日推进距离度量机动效能,用突防概率体现导弹对拦截系统的突防效能等。投入型指标便于计算,获取方便,是一种静态指标,但是不能反映系统资源运用方式。产出型指标反映能力的资源因素及运用方式因素,是一种动态指标,易于理解、便于运用,但不便于获取和计算。

1.3　作战效能研究条件的界定

正如评价一个人是“美”还是“丑”总是相对的一样,这种“相对”性其实就是评价的范围。效能评估同样需要明确评估的范围,具体而言,需要做到“三个明确”。

1.3.1　明确研究对象

导弹武器系统是通过发射导弹对敌方目标构成一定等级的毁伤而完成作战任务。导弹武器系统的作战效能主要通过主战系统的作战效能体现出来,保障系统与指挥系统的效能量度在整个作战系统的作战效能模型中只起辅助作用。针对保障系统和指挥系统的效能评估需考虑人的因素,涉及更多不确定性因素以及模糊与灰色指标,评估模型复杂多变,在评估结果中隐含了大量的主观因素,目前还没有较全面、合理的评估模型。因此,本书是在假定保障有力、指挥通畅、武器操作使用人员技术熟练的前提条件下,考虑导弹射前生存能力和突防能力,忽略具体的导弹型号背景差异,仅仅从效能分析方法角度,研究运用导弹武器封锁机场主战系统作战效能的评估问题。

1.3.2　明确任务

系统所完成的任务与效能定义中的规定使用目标是一致的。任何武器系统的作战效能,只能是针对一组特定任务而言。任务改变了,系统的作战效能将随之改变。

从近年来世界范围内几场有限的导弹战战术运用来看,导弹武器系统在战争中既可以独立完成火力突击任务,也可以配合其他军兵种进行联合作战,或为其他军兵种夺取战场主动权进行远程火力支援。多样性的导弹武器作战任务,产生了不同的效能量度准则与不同的作战效能评估值。但是,无论任务形式如何多样,使用导弹武器系统的最终目的是为瘫痪或摧毁敌方目标,因此,可按照导弹对单个目标或目标群的毁伤要求,将导弹部队完成的作战任务限定在一定作战任务范围内[23]。

1.3.3 明确规定条件

作战效能定义中所说的“规定条件”是指武器装备在未来战争中完成作战任务过程中所处的、经过想定的战场环境。主要包括自然环境条件、战场环境条件、系统工作条件和维护修理条件等。

想定条件的简化与复杂,将直接影响武器系统作战效能评估的结果。如果只研究导弹,不涉及机动发射装备;只考虑导弹的可靠性、维修性等指标,不涉及其机动能力、生存能力和突防能力。因此,所研究得出的导弹的效能充其量只能算是导弹武器系统的系统效能,不能完全反映导弹武器系统在对抗条件下的真实作战能力。

那么,是不是考虑的因素越全面,就越能准确地评估出武器的真实作战能力呢?也不尽然。试想,在对导弹武器的作战环境进行想定时,不仅考虑机动发射装备,还将地面设备、指挥设备、技术阵地装备、其他保障装备一并加以考虑;在对抗作战时,不仅考虑敌作战飞机,还考虑己方作战飞机、防空导弹阵地和高炮阵地。那么,将导致构建模型的难度增加、数据采集与处理困难、工作量与评估难度增大。最后,极有可能出现的情形就是,模型无法分清研究问题的主次因素,数据处理时添加了许多主观人为因素,无法建立一个全面、可信的评估模型,限制条件多,评估方法适用性差。

因此,想定条件过于简单,将会降低评估结果的可信度;想定条件过于复杂,涉及参数、指标多,评估模型过于庞大、复杂,增大了评估的工作量与难度,限制了评估方法的适用范围。

1.4 作战效能评估特点分析

武器系统的作战效能评估是一项系统工程,是“认识—实践—再认识”的过程。在对武器系统的"分解—综合—比较"过程中,包含许多环节,涉及作战环境的设定、评估数据的选取与处理、模型的建立与方法的综合。

在作战任务的分析与确定上,不同的研究人员根据不同的评估目的进行不同的分类与定义,导致评估结果具有多样性。

在参数及指标选取中,既有确切的数据,如最大射程、弹头威力、机动速度等,可以进行精确计算;也包含诸如"能力""水平""强度"等具有模糊概念的指标,不能进行直接准确测量或统计计算,需采取某种方法进行量化处理。

在效能量度与评估准则的确定上,由于系统不同或要求与着眼点不同,效能的量度与评估准则也不同。不同类型的系统往往有不同的效能量度与准则;同一类型的系统,也可以根据不同的作战任务有若干个效能量度与准则。

1.4.1　作战效能评估值的概略性

作战效能和作战任务、对象、要求等有着密切关系,因而,这个名词本身就是一个"模糊"概念。我们可以说某型导弹武器系统在某一方面的作战效能好、很好或非常好,甚至用数值表示出它与其他武器系统的高低。但是,该数值只决定了该武器系统与其他武器系统的优劣等级。如果某武器系统的效能评估数值为另一种武器系统的1.5倍,我们不能说该武器系统的作战能力是另一种武器系统的1.5倍,只能证实该武器系统的作战能力比另外一种要强。

一般来说,如果按百分制估算武器系统的作战效能值。那么,评估结果值在个位与小数点上的差异绝不可能反映效能真实的差异。10分以上的判别才会在实际中表现出来。

1.4.2　作战效能评估值的相对性

评估武器系统的作战效能一般用于宏观决策,其目的主要是为了武器系统的设计与比较、效费比的计算。在作战使用上则为了估计完成一定的任务所需投入的兵力,因而,评估出来的效能值通常只需相对值就可以了。这就是作战效能计算的基本要求,盲目追求计算的高精度是没有意义的。

在选择评估指标时,用数字表示效能将涉及一个量纲问题。武器系统的作战任务不同,其效能量度值也不同。在某一作战任务下,可能使用命中概率作为效能量度;在另一作战任务下,则有可能采用毁伤概率或跑道失效率作为效能量度。因此,不同的作战任务和不同的效能量度准则使得两种武器的效能评估值一般不具备可比性。只有在同样的作战环境下完成同样的作战任务时,两种武器系统的作战效能值才有可比性,比较结果才有意义。

1.4.3 作战效能评估值的动态性与时效性

导弹作为一种长期储存、一次使用的武器,其武器系统中的任何构件随着储存时间的延长,发生故障和失效的可能性逐步增大。因此,针对导弹武器的作战效能评估在不同评估时期结果是会发生变化的,即效能评估具有动态特点,评估结果具有时效性。

引起作战效能指数动态性和时效性的因素是很多的。武器装备在刚使用时故障率高、可用度和可靠性差,使用一段时间后故障率下降,工作达到正常。当它们接近使用寿命后期时,装备又会老化损坏,故障率急剧上升。或者是针对某一型号的导弹武器,假设总体设计方案未做任何变动。但是,如果其各批次的生产环境、生产工人的熟练程度、原材料的来源以及出厂后的储存环境与时间等存在差异,对其作战效能也有影响。因此,可以根据己方导弹武器系统在储存期内的测试统计资料,开展各生产批次的质量跟踪与评估研究,实时评估作战效能。

另外,随着武器装备体系与性能的不断发展与变化,在进行作战环境想定时,应紧密结合情报资料,实时评估敌方作战能力,更新对抗环境条件。例如,敌方可能获得远程预警设备,具备了早期预警能力,获得了更长时间的早期预警;也可能发展了中/近程地地导弹,拥有了对我导弹武器装备及发射阵地的远程打击能力;或者对方升级了导弹防御系统,提高了拦截能力等。

因此,在建立作战效能评估模型时应适时更新各项数据,以适应双方武器系统以及作战环境的变化,真实反映对抗实际情况,反映武器系统的实际作战能力。

1.4.4 作战效能评估值的局限性

作战效能的评估与许多条件有关,尤其是作战任务与作战环境想定条件。各种计算模型和方法也有种种假定或先决条件,还包含了作战使用与火力运用的成分,存在着不同程度的人为主观因素。因此,评定模型与方法具有一定的适用范围,评估结果不可避免地带有一定的局限性,不存在通用的、适应所有情况的评估模型。当然,也不存在绝对公平、完全合理的评定结果。每一种模型和方法评估出来的效能指数只有在预定的范围与假设的条件下才是可信的。

1.5 作战效能分析的方法论基础

为了评价、比较不同武器系统或行动方案的优劣,必须采用某种定量尺度去度量武器系统或作战行动的效能,这种定量尺度称为效能指标(准则)或效能量度。用于效能分析的具体方法是多种多样的，SEA 方法只是效能分析方法众多璀璨明珠中的一颗。为了让读者对效能分析方法的发展、种类划分和具体方法有一个直观的了解，本节主要从效能分析方法论角度进行概括介绍。

1.5.1　效能分析的发展阶段

效能评估研究大体上经历了 5 个阶段：早期简单的定量计算阶段，以军事运筹学为基础的现代评估方法初创阶段，评估理论体系快速发展阶段，评估理论体系完善与广泛应用阶段，基于大数据的评估理论新发展阶段。

1. 简单的定量计算阶段

早期简单的作战效能分析，可以追遡到春秋战国时期著名的军事家孙武的《孙子兵法》。在《孙子・谋攻篇》中，所提出的“用法之法，十则围之，五则攻之，倍则分之，敌则能战之，少则能逃之，不若则能避之”[23]。其实就是采用简单的方法估算敌、我双方的作战能力，并根据具体情况采取行动。这种简单的定量计算的方法在我国其他兵法（如《孙膑兵法》《尉缭子》《百战奇略》等历代军事名著）中都有所体现。

明代是我国军事科技蓬勃发展的朝代。由于火药技术的进步，当时火炮、火箭、鸟铳、快枪等新式火器装备已经能够大规模制造；与此同时，冷兵器依然大量被使用，倭寇和蒙古诸部落依然以刀剑和骑射作为主要作战手段，并且在 1560 年，戚继光创建“鸳鸯阵”以前，倭寇和蒙古诸部落在与明军的多次作战中并没有因为装备差距而明显吃亏。这也说明新型武器装备要充分发挥其作战效能，是需要经过深入论证的。“鸳鸯阵”实际是对各种冷热兵器的战术组合运用，通过对各类兵器的协同配合，使单个作战单元整体作战能力达到了最大，使戚家军在与倭寇其后的作战中，占尽了装备上的优势[24]。尽管《纪效新书》和《练兵实纪》并没有载明戚家军是如何运用定量化方法去研究各种阵法和训法的，不能否认的是，要将当时众多的冷热兵器组合运用，离不开对装备作战效能的定量化分析[25]。可惜自戚继光之后，在民国之前的数百年期间，我国并没有人将定量化分析的原理与方法应用于装备效能分析和作战训练，无论是曾国藩、左宗棠，还是太平天国将领，最多只是继承了戚继光的练兵思想，但在新型火器的运用和战法创新上都乏善可陈。与之形成鲜明对照的是，西方的法、英、俄罗斯等国，却将定量分析引入军事训练和作战中，发展了线性作战，开启了现代军事进程。

2. 以军事运筹学为基础的现代评估方法初创阶段

现代真正意义上的装备效能分析方法，最初是在 1871 年，俄国军界最先提出了有关武器杀伤力计算的问题。后来，由于武器发展论证和作战运用研究中的多方需要，普遍开展了对武器杀伤效果的简单计算，主要是通过粗略计算，从某一侧面概略地比较不同型号武器的作战效果。值得一提的是 Lanchester 方程。第一次世界大战初期,英国工程师 F. W. Lanchester 为描述作战双方兵力损耗过程而创建的微分议程组,开创了运用数学理论定量分析战争的先河[26]。

第二次世界大战促进了武器使用效率的研究,当时的英、美研究人员在进行雷达配置、高炮效率、反潜作战、水雷效率等研究时,积累了一些定量计算方法,尽管这些研究开始时只是作为其他课题中的量化分析内容,但后来逐渐形成一些独立的基础研究课题。

借助于这些研究,研究人员从 20 世纪 30 年代至 50 年代,发展了包括规划论、排队论、网络和图论、随机试验统计等运筹学的基础理论体系,构成了效能评估的初步方法体系。

3. 效能评估理论的快速发展阶段

20 世纪 60 年代至 80 年代,是效能评估理论获得大发展的黄金时期。受系统论、控制论和信息论三大论的影响,系统效能评估的新方法、新思想蓬勃发展,产生了蒙特卡罗方法,随机格斗理论、作战模拟(又称战争博弈)、费用德次能分析(PERT)、风险分析(GERP)网络分析(VERT)等的评估方法,使效能评估理论方法论体系不断成熟,蓬勃发展。

同时,为了定量分析的需要,发展了一系列基于定性分析的定量分析方法,如德尔菲法、层析分析法及指数法等。从 20 世纪 60 年代中期开始,美国对效能评估问题开展了大量的研究,提出了各种类型的效能评估模型,比较典型的是美国工业界武器系统效能咨询委员会为空军提出的系统效能模型、杜佩的理论杀伤力指数及武器指数等。苏联比较典型的成果是 C. H. 佩图霍夫和 A. H. 斯捷潘诺夫著的《防空导弹武器系统的效能》及 A. A. 切尔沃纳等所著的《评定武器效能的概率法》。

我国从 20 世纪 80 年代以来,武器系统效能评估研究发展较快,主要是运用 ADC 法、指数法、层次分析(APH)法、模糊综合法和作战模拟法评估武器系统效能。

4. 评估理论体系完善与广泛应用阶段

从 20 世纪 90 年代初开始,由于高技术战争的特点,体系对抗和陆、海、空联合作战已经成为现代战争的主要方式。因此,武器装备体系建设就成为武器装备建设的焦点,武器装备体系效能评估也就成为武器装备体系建设中必须解决的问题。从 90 年代以来的发展来看,武器装备体系效能评估方法论的发展主要有基于分布交互网络的建模仿真[27]和综合集成研讨厅[28]两条线。前者是国外正在大力发展的,后者是 20 世纪 80 年代末,由钱学森教授提出并倡导的,研究武器装备体系建设等复杂问题的论证及决策的重要方法论。这种方法不仅包含分布式交互建模与仿真的主要思路和技术路径，而且强调了战术和技术的集合、理论和实际的结合、定性和定量的结合效能评估研究的最新发展。

指数—Lanchester 模型：把指数法与 Lanchester 方程理论相结合，其基本思想是用交战双方的作战能力指数作为基本变量代替经费经典 Lanchester 方程中兵力或武器数量，并以作战能力指数的变化描述作战的战斗损耗情况[29]。

5. 基于大数据的评估理论新发展阶段

近年来，随着作战体系信息化水平的提高，传统的基于静态模型的解析方法和"思辨"式的定性评估方法的局限性愈发明显。以国防大学胡晓峰、司光亚、杨镜宇、伍文峰、郭圣明、丁剑飞、王飞、王强等为代表，注重运用基于大数据的评估理论进行效能评估，取得了令人鼓舞的研究成果[30-33]。

用基于大数据的评估方法开展装备作战效能评估，主要表现在以下几个方面。

(1) 研究范围进一步扩大。过去，装备效能评估研究多局限于主战装备系统；当前，对各种保障设备也开展了大量的效能评估研究，并且已涉及各种类型武器系统的研制、生产、使用的各个环节。

(2) 系统性课题研究显著增多。目前，效能评估多以武器系统整体为对象，从完成作战任务出发，对涉及各种类型的设备从总体上进行系统分析和评估，从宏观方面对全军诸兵种合成或一个军种的武器装备整体作战能力进行评估。

(3) 更加注重实际应用，如运用兵棋推演和探索性仿真实验产生的仿真大数据评估体系能力的方法，能够适应未来网络化信息体系对抗的需求。

1.5.2　效能评估方法的分类

评定武器系统效能指标的方法主要有 3 种，即解析法、试验统计法、作战模拟法。但是现代武器系统越来越复杂，其效能呈现出较为复杂的结构层次，需要对指标体系分解，然后再综合评价。常见的综合评价方法有线性加权法、概率综合法、专家评定法、模糊综合评判法等。系统效能评估方法如图 1.2 所示，各种方法的主要特点如下。

1. 解析法

解析法是根据描述效能指标与给定条件之间的函数关系的解析表达式计算效能指标值，在这里给定条件常常是低层次系统的效能指标及作战环境条件，可根据军事运筹理论用数学方法求解建立的效能方程得到解析表达式。解析法的优点是公式透明度好，易于了解和计算，且能够进行变量间关系的分析，便于应用。缺点是考虑因素一般较少，且有严格的条件限制。因而，比较适用于不考虑对抗条件下的武器系统效能评估和简化情况下的宏观作战效能评估。

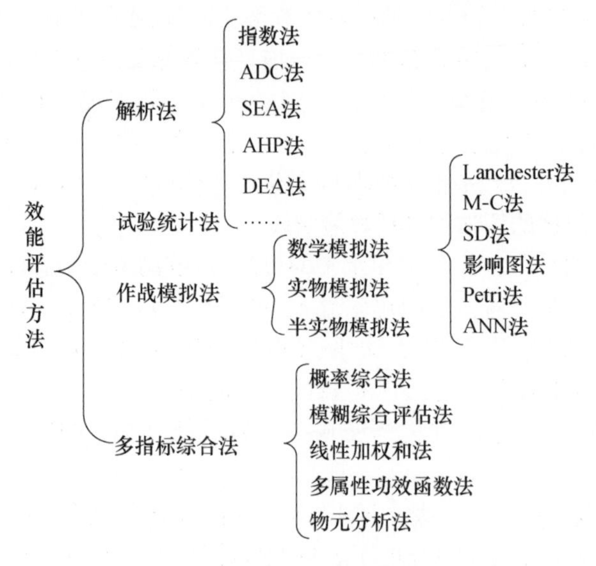

图 1.2　系统效能评估方法

目前,常用的解析法主要有指数法、ADC 法、SEA 法、AHP 法、灰色理论方法、模糊数学方法、效用函数分析法、多目标决策法、网络分析法、不确定性规划、排队论、存储论、数据包络分析(DEA)、信息熵评估法等。

2. 试验统计法

试验统计法是在实战、演习、试验现场中,观察武器系统的性能特征,收集数据,评定系统效能,其前提是必须获得大量统计资料,并把统计数据的随机特性用模型清楚地表示出来。常用的统计评估方法有抽样调查、参数估计、假设检验、回归分析和相关分析等。试验统计法不但能得到效能指标值,还能显示武器系统性能、作战规则等影响因素对效能指标的影响,为改进武器系统性能和作战规律提供了定量分析基础,是评估武器系统效能的基本方法之一。试验统计法的结果比较准确、可信,但是需要有大量的武器装备作为试验的物质基础,耗费大、时间长,并且在武器研制前无法实施。

3. 作战模拟法

作战模拟法也称为作战仿真法,是在计算机程序模拟武器装备体系对抗、作战单元和多维战场环境的基础上,通过想定的程序推演,分析论证武器装备及其体系效能的效能评估方法[34]。其实质是以计算机模拟模型进行作战仿真实验,由实验得到的关于作战进程和结果的数据,可直接或经过统计处理后给出效能指标评估值。该方法可以考虑对抗条件,以具体作战环境和一定兵力编成为背景评价,模拟战斗过程,但需要大量可靠的基础数据和原始资料作依托,并且仿真时对作战环境的模拟比较困难。

作战模拟法可分为数学模拟法、实物模拟法和半实物模拟法三类，也有人认为 Lanchester 方程、Monte-Carlo 方法、系统动力学（SD）法、影响图、Pertri 网以及人工神经网络（ANN）都属于数学模拟方法[35]。

作战模拟法比试验统计法节省时间、节省费用；相对解析法而言，能一定程度反映对抗条件和交战对象，考虑了武器装备的协同作用、武器系统的作战效能诸属性在作战全过程的体现、不同规模下作战效能的差别，特别适合于进行武器系统或作战方案的作战效能指标评估，对于武器系统作战效能评估具有不可替代的重要作用。

4. 多指标综合法

现代武器系统往往很复杂，效能相关因素很多，常常需要用多个指标反映其效能，由基本方法获取各个指标值，然后采用线性加权和法、概率综合法、专家评定法、模糊综合评估法、多属性决策综合评估法及物元分析法等把各个指标综合起来，评定系统效能。多指标综合法评价范围广、适用性强、使用简单，但在综合过程中受人的主观因素影响较大。

（1）模糊综合评价法[36]是将模糊数学应用于目标评价而形成的方法，它根据评价对象和评价目标要求建立起模糊矩阵，通过一系列的判断、推理、论证，由最佳隶属度原则而得出可靠结论的一种评价方法。用模糊数学进行综合评判，包括 3 个方面的内容，即系统分析、模糊数学进行处理和计算机运算。

（2）多属性决策综合评估法[37]，是指按一定的方式从一组有限的方案中选择最佳方案。在多属性决策过程中，决策者需要提供对属性权重的偏好信息。这些属性权重的表达方式通常分为两大类：直接权重信息和间接权重信息。直接权重信息一般表达为效用值形式，把效用值直接归一化后即得属性权重；间接权重信息一般表达为互反判断矩阵和互补判断矩阵（或称模糊偏好关系）形式。间接权重信息是通过决策者依据一定的评估标度对给定的属性进行两两比较，并构造判断矩阵，然后利用判断矩阵排序方法求得属性权重。

1.5.3 几种经典效能评价方法及优缺点分析

按照各类效能评估模型出现的先后顺序，本书介绍了几种经典评估模型，并对比分析了其优缺点。

1. ADC 模型

ADC 模型是美国武器系统效能工业咨询委员会（Weapon System Efficiency Industry Advisory Committee，WSEIAC）于 1965 年提出的一个效能评估模型。近些年来针对诸多实际问题进行了很多改进或拓展，ADC 模型演化出了包括 ARC

模型、QADC 模型、KADC 模型、CADC 模型在内的许多变形，是目前采用较多的系统效能评估模型之一。

1）ADC 法的基本思想

ADC 模型认为“系统效能是预期一个系统满足一组特定任务要求程度的量度，是系统可用性（availability）、可信性（dependability）和固有能力（capability）的函数”[38]。该模型可描述为系统效能向量 $\boldsymbol{E}=(e_1,e_2,\cdots,e_n)$ 是系统的可用度/有效性向量 $\boldsymbol{A}$、可信赖性矩阵 $\boldsymbol{D}$、系统的能力矩阵 $\boldsymbol{C}$ 的乘积，即

$$\boldsymbol{E}=\boldsymbol{A}\times\boldsymbol{D}\times\boldsymbol{C} \tag{1.2}$$

或写为

$$\boldsymbol{E}=[a_1\quad a_2\quad a_3\quad a_4]\times\begin{bmatrix} d_{11} & d_{12} & \cdots & d_{1n} \\ d_{21} & d_{22} & \cdots & d_{2n} \\ \vdots & \vdots & & \vdots \\ d_{n1} & d_{n2} & \cdots & d_{nn} \end{bmatrix}\times\begin{bmatrix} c_1 \\ c_2 \\ \vdots \\ c_n \end{bmatrix} \tag{1.3}$$

式中 $\boldsymbol{A}$——可用度向量（有效性向量）矩阵，系统在开始执行任务时处于不同状态的概率，它的任意元素 a_i 表示系统在开始执行任务时处于状态 i 的概率，其中

$$\sum_{i=1}^{n}a_i=1$$

$\boldsymbol{D}$——可信赖矩阵，描述系统在执行任务过程中状态变化情况，其中元素 d_{ij}表示已知系统在 i 状态中开始执行任务，在执行任务过程中由 i 状态转入 j 状态的概率，其中

$$\sum_{j=1}^{n}d_{ij}=1$$

$\boldsymbol{C}$——能力矩阵中的元素 C_{jk}表示系统在有效状态 j 中的第 k 个能力描述指标。

2）ADC 方法的基本步骤

ADC 方法的一般评估步骤可概括为 4 步。

（1）确定系统初步状态参数。

（2）根据系统特有属性计算可信度矩阵。

（3）系统能力向量的确定、能力向量的准确性是该评估方法的关键所在。

（4）计算系统效能。

3）ADC 法的特点

ADC 方法的主要特点如下。

（1）把系统效能表示为可用度、可信度和固有能力的相关函数，评估算法考

虑了装备结构和战技术特性之间的相关性，强调了装备的整体性。

（2）ADC 方法概念清楚，易于理解与表达，应用范围广。

（3）ADC 基础评估模型的可扩展性强，可添加环境、人为因素等影响因子向量。

（4）公式中能力矩阵的确定直接关系到评估结果的准确性，如何确定能力矩阵是算法的关键，也是难点。

（5）有研究人员认为，ADC 方法以状态转移概率矩阵描述其能力，易导致“维数灾”，并不能很好地反映系统要素之间复杂的联系及其对系统效能的影响。

2. AHP 模型

层次分析法（Analytic Hierarchy Process，AHP）[39]是美国匹兹堡大学运筹学专家 T. L. Saaty 于 20 世纪 70 年代初期提出的一种系统分析方法。1982 年，天津大学学者将该方法引入后，在国内得到了广泛应用。

1）AHP 法的基本思想

AHP 法主要思想是根据研究对象的性质将要求达到的目标分解为多个组成因素，并按因素间的隶属关系，将其层次化，组成层次结构模型，然后按层分析，最终获得最低层因素对于最高层（总目标）的重要性权值。AHP 法把一个复杂的无结构问题分解组合成若干部分或若干因素（统称为元素），如目标、准则、子准则、方案等，并按照属性不同，把这些元素分组形成互不相交的层次。上一层次对相邻的下一层次的全部或某些元素起支配作用，这就形成了层次间自上而下的逐层支配关系，这是一种递阶层次关系。在 AHP 法中，递阶层次思想占据核心地位，通过分析建立一个有效合理的递阶层次结构对于能否成功地解决问题具有决定性的意义。作为一种实用的多准则决策方法，AHP 法把复杂系统分解成各个组成因素，并形成递阶层次结构，通过两两比较确定层次中各因素的相对重要性，然后综合决策者的判断，确定决策方案相对重要性的总排序。整个过程体现了人的分析、判断、综合，其定性与定量相结合处理各种决策因素的特点很鲜明，加之其系统、灵活、简洁的优点，使该方法得到了极为广泛的应用。

2）AHP 法的基本步骤

运用 AHP 法进行评估大致上可分为 4 步。

（1）分析系统中各因素之间的关系，将研究的系统划分为不同层次，如目标层、准则层、指标层、方案层、措施层等。

（2）对同一层次中各因素相对于上一层因素的重要性进行两两比较，构造出权重判断矩阵。

（3）由判断矩阵计算得到各指标的权重，并进行一致性检验。

（4）计算各层元素对系统目标的合成权重，并进行排序。

3）AHP 法的特点

AHP 法把复杂的问题表示为有序的层次结构问题，通过构造两两比较矩阵计算各子指标层的相对权重，从而得到系统的效能值。其主要特点可概括如下。

（1）定性分析与定量计算相结合，是分析评估多目标、多准则复杂静态系统的有力工具。

（2）思路清晰、方法简便、易于理解，适用范围广。

（3）权重计算方法成熟。

（4）评估结果直接体现为指标得分与权重乘积的累加。

（5）属于主观评估法，由专家打分的方式获得判断矩阵，评估结果带有较强的主观性。

（6）没有从系统角度综合描述系统的性能，无法解释和体现作战能力的整体特征。

3. SEA 模型

系统效能分析（System Effectiveness Analysis，SEA）是美国麻省理工学院信息与决策系统实验室的 A. H. Levis 等于 20 世纪 70 年代末至 80 年代中期提出来的。这种方法的实质是把系统的运行与系统要完成的使命联系起来，观察系统的运行轨迹与使命所要求的轨迹相符合的程度。系统运行轨迹与使命轨迹相重合率高，则系统的效能高；反之，则认为系统效能低。由于该方法将在第 2 章中进行专门阐述，在此不做赘述。

4. 灰色白化权函数聚类法

灰色评估是灰色系统理论中的一个部分，灰色系统理论是由邓聚龙教授在 1982 年创立的一门横断学科，近些年来得到了广泛的发展和应用。

1）灰色白化权函数聚类法的基本思想

灰色理论以“部分信息已知，部分信息未知”的“小样本”“贫信息”不确定系统为研究对象，主要通过对“部分”已知信息的生成、开发、提取有价值的信息，实现对整个系统运行行为、演化规律的正确描述和有效监控。

2）灰色白化权函数聚类法的基本步骤

其评估的基本步骤有以下几步。

（1）确定评估对象，以及评估对象的灰类数 S，选定评估指标 $x_j(j=1,2,\cdots,m)$。

（2）将指标 x_j 的取值相应地分为 S 个灰类，称为 j 指标子类。j 指标 $k(k=1,2,\cdots,S)$ 子类的白化函数为 $f_j^k(x)$。

(3) 求 j 类指标 k 子类的权重 η_j^k。在确定权重时,有变权和定权两种方法。其中,定权聚类适用于指标的意义、量纲皆相同的情形;变权聚类适用于指标的意义、量纲不同,并且在数量上悬殊较大的情形。

(4) 求聚类系数向量。

3) 灰色白化权函数聚类法的特点

灰色白化权函数聚类法计算方法简单,综合能力较强,准确度较高,可决定对象所属的设定类别。其评价结果是一个向量,描述了聚类对象属于各个灰类的强度。根据向量对聚类结果进行再分析,提供比其他方法丰富的评判信息。该方法克服了传统单一值评价多指标、多因素的弊病,适用于多因素、多指标的综合评价。

5. HABAYEB 模型

HABAYEB 模型是由美国海军空中武器分部的 A. R. Habayeb 博士提出的,这种模型是一个通过判定战备(sr)、可靠性(r)和设计充分性(da)这 3 个关键系统属性评价系统效能(se)的方程,其表达式为

$$P_{se} = P_{sr} \times P_{r} \times P_{da} \tag{1.4}$$

式中　P_{se}——系统有效的概率;

P_{sr}——战备,即在任何时刻,整个系统按操作要求准备的概率和在特定任务条件下使用时满意操作使用的准备概率;

P_{r}——任务可靠性,即系统在规定条件下操作而没有发生任务期间功能故障的概率;

P_{da}——设计充分性,即系统在设计规格要求内工作时,其成功地完成任务的概率,这是系统性能水平的量度。

上述 3 个关键属性还可以继续分化为较低一级属性,表 1.1 给出了一个较低一级系统属性的层次排列。

表 1.1　Habayeb 模型系统属性的层次排列

战备	可靠性	设计充分性
可运输性	可靠性	生存能力
可靠性	耐久性	易损性
可用性	质量	作战使用性能
保障性		相互适应性
维修性		兼容性

6. BALL 模型

BALL 模型由美国海军研究生院航空航天系的 Robert E. Ball 教授提出,作为作战飞机在给定背景下的作战效能,用任务成功度 MOMS 表示,即

$$\mathrm{MOMS} = \mathrm{MAM} \cdot S \tag{1.5}$$

式中　MAM——到达并开始执行任务的概率,对作战飞机来说反映突防能力;

S——执行任务过程中的生存能力。

MOMS方程只提供战斗环境中系统作战性能的简单效能测量和生存能力对任务成功的影响,可以用来说明任务完成量度值与生存能力之间的折中情况。例如,在许多战斗情况中,完成任务量度值有意减少,以提高生存能力。在这种情况下,具有较大生存能力的系统就可能有较小完成任务的量度值。

7. OPNAVINST 模型

该模型是美国海军3000.12号指令文件中提供的模型。它有3个对确定系统效能(SE)十分重要的关键系统属性:作战能力(CO)、作战可用性(AO)和作战可靠性(DO),其方程为

$$\mathrm{SE} = \mathrm{CO} \cdot \mathrm{AO} \cdot \mathrm{DO} \tag{1.6}$$

式中　CO——系统作战特性(包括距离、有效载荷、精度)和对抗威胁的组合能力,用杀伤概率、交换比等表示;

AO——系统在规定作战环境下要求其在随机时刻执行规定任务时的准备概率;

DO——任务可靠性,是系统从任务开始一直保持到任务结束的良好状态。

8. MARSHALL 模型

MARSHALL模型是美国海军航空作战中心根据上述Habayeb和Ball提出的一个模型,它将作战可用性、任务可靠性(RM)和生存能力(S)以及任务完成量度(MAM)组合起来,利用以下系统效能方程推导系统效能的作战使用性能(ESP)的模型,即

$$\mathrm{ESP} = \mathrm{SE} = \mathrm{AO} \cdot \mathrm{RM} \cdot S \cdot \mathrm{MAM} \tag{1.7}$$

这些关键属性的定义如下。

作战可用性——包括后勤准备,是指系统在需要时达到使用的概率。

任务可靠性——系统在任务范围规定的条件下,于一定时期完成必要任务功能的概率。

生存能力——系统避开或抵抗人造敌方环境而不会降低其完成规定任务的能力。

任务完成量度——任务效能,即在给出AO、RM和S时,系统完成所期望的任务的概率。

ESP模型是一个通用的系统评价框架,即一种确定和评价总的系统效能的定量复合方法。这种模型要依靠全面观察系统性能及对性能有影响的系统属

性,用作制定系统层次结构的基础。

9. GIORDANO 模型

GIORDANO 模型是美国海军应用科学实验室提出的,即

$$E = P_c \cdot P_t \tag{1.8}$$

式中　E——系统效能;

P_c——性能或作战能力,是指系统作战特性(距离、有效载荷和精度)和对抗威胁的复合能力;

P_t——性能发挥的时间修正因子,系统性能随时间变化的参数。

这是一个基本方程,在评估时,首先把大的任务范围缩小到几个任务,根据具体任务的特定属性要求和与完成任务有关的因素利用基本方程建立起相应的效能模型。任务阐述是效能分析的基础,完成任务的属性要求后,再根据任务要求改变属性值。这样属性值的可接受程度便成为衡量对设备、故障、后勤、性能下降和时间要求敏感性评价的建模分析量度。可以认为,GIORDANO 方程是一种以统一方式处理各种选定属性并把与设备性能恶化有关的属性看作是系统总性能一部分的方法。

在上述所有乘法模型中,只有 GIORDANO 方程可以扩展为多任务方程,并可以把 GIORDANO 多任务方程变成一个加法方程。

10. ASDL 模型

ASDL 模型是一个加法模型,是美国航空工程学院航空系统设计实验室使用的模型。它是一个判定经济承受能力、生存能力、战备、任务能力和安全 5 个方面系统属性的方程,这些属性组合成一个系统效能的总量度,总的评价准则(DEC),即

$$\begin{aligned} \mathrm{OEC} = {} & a(\mathrm{LCC}/\mathrm{LCC}_{\mathrm{BL}}) + b(\mathrm{MCI}/\mathrm{MCI}_{\mathrm{BL}}) + c(\mathrm{EAI}/\mathrm{EAI}_{\mathrm{BL}}) \\ & + d(P_{\mathrm{swrv}}/P_{\mathrm{swrvBL}}) + e(A/A_{\mathrm{BL}}) \end{aligned} \tag{1.9}$$

式中　a、b、c、d、e——系数,它们相加的和等于 L;

LCC——寿命周期费用,指经济承受能力总的量度,即政府在寿命周期以内采办的总费用;

MCI——任务能力指标,表示任务能力总的量度,即系统完成任务(满足或超过所有任务要求)的能力;

EAI——发动机的磨损指标,是安全性的总量度,即估计系统的操作总数产生的磨损对发动机发生 A 级故障的影响;

P_{swrv}——生存能力量度,是生存能力的总量度,即系统躲避探测和避免受破坏而造成的损失;

A——固有可用性,战备的总量度,即系统在随机时刻要求其执行任务时最初的可操作程度和可用状态。

ASDI模型用于比较各竞争系统的效能。首先，挑选出一个基准系统；然后，说明各竞争系统同这个基准系统的比较情况。例如，如果基准系统A的生存能力为0.90，那么，具有0.45生存能力的系统B对于这一系数的效能量度值为0.50。对于系统每个属性都重复这一过程，并把加权系数应用于各个属性以说明它对用户的重要性，将5个加权属性概括为一个最高水平的量度值，这样提供可供选择系统总效能与基准系统的比较。

ASDI模型的一个主要问题是确定加权系数方面的主观性，由于这些系数基本上是人们选择最优系统的量度，因此，总价值准则（OEC）便成为优先选择系统的量度而不是系统效能量度。

几种典型的解析评估方法对比分析如表1.2所列。

表1.2　几种典型的解析评估方法对比分析

方法	特点	优缺点	适用范围
指数法	根据武器装备的战技指标和实战经验对每种武器装备进行评分，并用指数值度量装备作战效能，解决战技指标的量纲问题	优点：快速简便、概括抽象、易于理解、定性与定量综合集成。 缺点：理论基础不够、对定性知识的处理方法不多、定性与定量综合集成具体方法研究不够	常用于结构简单、规模较大的宏观模型，适用于宏观分析和快速评估，在军事上，适用于单一武器装备、人员的战斗效能分析，对要求细致描述的结构问题适用性不强
AHP法	把复杂问题表示为有序的层次结构，通过构造两两比较矩阵计算各子指标层的相对权重，以指标得分和权重乘积的累加得出系统效能值	优点：定性和定量分析相结合；权重计算方法成熟；思路清晰、方法简便、易于理解接受。 缺点：属于主观评估法，专家打分方式获得判断矩阵，评估结果具有较强主观性；没有从系统角度综合描述系统的性能，无法解释和体现作战能力的整体特征	适于分析评估多目标、多准则的复杂系统固有效能的评估
SEA法	通过把系统的运行与系统要完成的使命联系起来，观察系统的运行轨迹与使用所要求的轨迹相符合的程度，系统的运行轨迹与使命轨迹相重合率高，则系统的效能高	优点：能够从需求出发对研究对象进行动态评估，即充分考虑多因素的影响，并且能够适应其中任何一个因素的变化要求，分析过程严密、理论严谨。 缺点：理解系统的边界划分，使用原始参数需要较强的专业知识，模型求解较为困难	适用于具有使命任务的武器系统效能评估

（续）

方法	特点	优缺点	适用范围
灰色聚类评估法	根据灰色关联矩阵或灰色白化权函数将一些观测指标或观测对象聚集成若干可定义类别。前者归并同类因素、简化复杂系统;后者检查观测对象是否属于事先设定的不同类别	优点:对样本量及样本分布规律没有要求,弥补了其他方法的不足,克服了传统单一值评价多指标多因素的弊病。 缺点:遇到聚类系数无差异情况,难以对研究对象做出评估	适用于复杂大系统效能评估
探索性分析方法	允许在深入细节之前,先获得宏观总体认识,辅助方案开发和选择。可探讨在假设条件下,给定能力下的规划	优点:较好地解决了普遍存在的参数和结构的不确定问题。 缺点:计算量很大	适用于要素取值不(难)确定,且各要素之间关联性强的问题
模糊综合评判法	以模糊数学为基础,运用模糊变换原理和最大隶属原则,考虑与被评价事物相关的各个因素,对评估对象作综合评价	优点:数学模型简单、容易掌握。 缺点:存在许多定性评价指标,对这些定性指标评价具有一定模糊性,精准性较低	适用于多因素、多层次的复杂问题的评判

参考文献

[1] 夏征农,陈至立. 辞海[M]. 第 6 版. 上海:上海辞书出版社,2011.
[2] 张廷良,陈立新. 地地弹道式战术导弹效能分析 [M]. 北京:国防工业出版社,2001.
[3] WANG Yingchun, ZHANG Jiaxin, ZHANG Huaguang, et al. Finite – time adaptive neural control for non-strict – feedback stochastic nonlinear systems with input delay and output constraints[J]. Applied Mathematics and Computation, Elsevier, 2021:393(c).
[4] 文仲辉. 战术导弹系统分析[M]. 北京:国防工业出版社,2000.
[5] 夏征农,陈至立. 辞海[M]. 第 6 版. 上海:上海辞书出版社,2011.
[6] 邱成龙,等. 地地导弹火力运用原理[M]. 北京:国防工业出版社,2001.
[7] 中国社会科学院语言研究所. 新华字典[M]. 第 11 版. 北京:商务印书馆,2015.
[8] 汪维勋,朱坤岭. 导弹百科辞典 [M]. 北京: 宇航出版社,2001.
[9] Jsiswal N K. 军事运筹学——定量决策[M]. 北京:中国电信出版社,2015.

[10] 中国社会科学院语言研究所词典编辑室. 现代汉语词典[M]. 北京:商务印书馆,2012.

[11] 程云门. 评定射击效率原理[M]. 北京:解放军出版社,1986.

[12] 夏征农,陈至立. 辞海[M]. 第6版. 上海:上海辞书出版社,2011.

[13] 张最良. 军事战略运筹分析方法[M]. 北京:军事科学出版社,2009.

[14] 汪敬灼,郭嘉诚. 国防系统分析方法[M]. 北京:军事科学院出版社,2000.

[15] 赵曰强,安实,麦强,等. 装备费用效能分析及建模的方法研究[J]. 系统仿真学报,2019,31(08):1521-1540.

[16] 张少贤,陆琤,周渝,等. ADC 效能模型在火力控制系统中的应用. 中国自动化学会系统仿真专业委员会、中国系统仿真学会仿真技术应用专业委员会. 2009 系统仿真技术及其应用学术会议论文集[C]. 中国自动化学会系统仿真专业委员会,中国系统仿真学会仿真技术应用专业委员会,2009.

[17] 斗计华,余良盛,陈万春. 舰空导弹武器系统作战效能评估综述[J]. 现代防御技术,2011,39(01):12-18.

[18] 可靠性维修性保障性术语集编写组. 可靠性维修性保障性术语 [M]. 北京:国防工业出版社,2002.

[19] 王玉泉. 装备费用—效能分析[M]. 北京:国防工业出版社,2010(12).

[20] 周赤非. 新编军事运筹学[M]. 北京:军事科学出版社:2010.

[21] 王明志,李松. 贝卡谷地上空的攻防体系对抗[J]. 中国空军,2006(5):76-78.

[22] 李明,刘澎,等. 武器装备发展系统论证方法与应用[M]. 北京:国防工业出版社,2000.

[23] 中国人民解放军军事科学院战争理论研究部. 孙子兵法新注[M]. 北京中华书局,1977.

[24] 赵国华. 戚继光军事思想探论[J]. 理论学刊,2008(5):100-104.

[25] 张帆. 论明朝中后期火器技术进步对军事训练的影响[D]. 长沙:国防科学技术大学,2008.

[26] Jsiswal N K. 军事运筹学——定量决策[M]. 北京:中国电信出版社,2015.

[27] 梁迪,崔靖,李翔. 线下交互的动态社交网络研究进展:挑战与展望[J]. 计算机学报,2018,41(07):1598-1618.

[28] 薛惠锋,周少鹏,侯俊杰,等. 综合集成方法论的新进展——综合提升方法论及其研讨厅的系统分析与实践[J]. 科学决策,2019(08):1-19.

[29] BRETON M, JARRAR R, ZACCOUR G. A Note on Feedback Sequential Equilibria in a Lanchester Model with Empirical Application[J]. Management Science, 2006, 52(5): 811.

[30] 司光亚,王飞. 基于仿真大数据的体系能力评估方法研究[J]. 军事运筹与系统工程,2020,34(03):5-10.

[31] 伍文峰,郭圣明,贺筱媛,等. 基于大数据的作战体系协同时序网络分析[J]. 指挥与控制学报,2015,1(2):150-159.

[32] DING Jianfei, SI Guangya, LI Baoqiang, et al. Construction of composite indicator system based on simulation data mining[J]. Journal of Systems Engineering and Electronics, 2017, 28(01): 81-87.

[33] DING Jianfei, SI Guangya, MA Jun, et al. Mission evaluation: expert evaluation system for large-scale combat tasks of weapon system of systems[J]. SCIENCE CHINA Information Sciences, 2018, 61(1).

[34] 胡晓峰,司光亚,吴琳,等. 战争模拟原理与系统[M]. 北京:国防大学出版社,2009.

[35] 陈立新. 防空导弹网络化体系效能评估[M]. 北京:国防工业出版社,2007.

[36] DU Qifa, SUN Zhaobin, DUAN Zhiyun. The Performance Evaluation Model of Troops Logistics Construction Based on The Fuzzy Comprehensive Evaluation Method[J]. IFAC Proceedings Volumes, 2013, 46(24): 224-228.

[37] 韩华,张子刚.基于区间数的科研设备招标的多属性决策模型[J].科技进步与对策,2006(08):19-21.

[38] RYAN P, HOSSEIN R, NEIL T A, et al. A data-driven statistical model that estimates measurement uncertainty improves interpretation of ADC reproducibility: a multi-site study of liver metastases[J]. 2017, 7(1):14084.

[39] Martin Lněnička. AHP Model for the Big Data Analytics Platform Selection[J]. Acta Informatica Pragensia, 2015, 4(2): 108-121.

第2章　SEA数值算法原理

在上一章，本书从评价方法论角度介绍了各种效能评估的基本方法，本章主要介绍SEA方法。首先考察SEA方法在国内外的发展历史，并介绍SEA方法研究的最新进展；在阐述SEA方法概念体系、思想原理的基础上，重点介绍运用SEA方法进行效能分析的一般步骤，并就运用SEA方法进行系统评价过程中的若干问题给出作者的研究结果，这些改进研究对于下一步开展封锁机场作战效能研究有着重要意义。本章重在为读者深入理解SEA方法的建模思想，打牢方法论基础。

2.1　SEA方法的发展历史

SEA是System Effectiveness Analysis（系统效能分析）的缩写，作为复杂系统效能评价的重要方法，已经有30多年的历史。其间，无论国外还是国内，都有学者为它的发展做出重大贡献，我们首先回顾SEA方法的发展历史，最后简单介绍目前的研究现状。

2.1.1　SEA发展历史

SEA方法是从20世纪80年代开始发展起来的一种效能评价方法，经过近40年来国内外的发展，在效能评价领域已经有着广泛的应用。

早在20世纪80年代初，美国麻省理工学院信息与决策系统实验室的Levis和Boutonniere等就开展了关于系统效能的专题研究。研究认为，系统效能应是包含技术、经济和人的行为等因素在内的一种"混合"概念。如果去评估一个人工系统，系统效能还应当把系统用户的需求考虑在内，必须能够体现系统技术、系统环境和用户需求的变化关系，即系统效能分析方法应具有足够的"柔性"（Flexible）。按照上述思想，Levis教授等人构建了一整套系统效能分析的概念体系，包括系统、环境、使命、原始参数、性能量度和系统效能6个基本概念，并提出了系统效能分析的基本步骤方法。1981年，Levis带领团队首次采用SEA方法对美国能源系统进行了效能分析[1]；1984年，用该方法对动力系统进行了效能分析[2]，同一年，Levis 和 Boutonniere 在 *Transaction on System* 杂志上发表了题为"Effectiveness Analysis of C^3I Systems"的文章，将该方法用于 C^3I 系统的效能评估[3]，C^3I 系统的效能评估持续至1986年[4-5]；1985年，对自动化生产线系统进行了效能分析[6]；后来还开展过对陆战炮兵部队的效能评估等工作[7]。这些研究，对SEA方法的早期应用推广起到了重要的示范作用。SEA方法传到西欧，还产生了水面舰艇反潜作战系统的效能评估等多方面的应用[8]，在此，不再逐一详述。

国内在20世纪80年代末也较早地引进了SEA方法，较早研究SEA方法的应用，大多集中于 C^3I 系统的效能评估。1990年，国防科技大学的罗雪山教授围绕 C^3I 系统的效能评估，在《系统工程与电子技术》《军事系统工程》等杂志发表文章，系统介绍和研究SEA效能评价方法[9-10]，开创了SEA方法在国内的应用先例。当时，国内对于运用SEA方法评估 C^3I 系统效能，遇到的普遍性难题在于"三难一争议"，包含 C^3I 系统的交战模型描述难、C^3I 系统任务完成质量的度量空间刻画难、系统映射与使命映射关系的描述难、分析过程中因人为主观因素引起的"权重"确定易引争议等。为解决这些应用难题，国内许多学者进行了众多探索。1992年，邓苏、于云程研究将SEA方法和层次分析法相结合，对防空 C^3I 系统进行效能评价[11]；以20世纪90年代末，吴晓峰等在《系统工程原理和实践》杂志上发表的应用SEA方法评估 C^3I 系统效能的系列连载论文为标志[12]，国内对SEA方法的应用研究，达到了一个高潮。但总体来看，在2000年以前，SEA方法在国内军事应用上的研究，大多集中于 C^3I 系统的效能分析。

2.1.2　SEA最新发展

导弹武器系统的效能评估，尤其是常规导弹武器系统的效能分析，国内是自20世纪90年代末才逐渐开展的[13-14]。虽然有众多学者对此进行了不少开拓性的研究工作，但是问题仍未得到很好的解决[15]；其中，作战效能分析方法的选择一直是令研究人员头痛的难点问题。概括目前公开发表的论文中导弹武器系统效能分析方法，大致可以分为统计试验方法和解析方法两大类。前者以直接模拟为基础，对具有随机因素影响的系统进行统计分析，具有通用性强、无原理误差、精度结果可预测等优点[16]；但因所需样本大、耗时多，而难以适应实时性、快速性要求很高的军事指挥辅助决策分析的要求。后者具有公式透明性好、推导过程严密、理论体系完备等优点，便于对武器系统的作战效能进行快速分析，故寻求合适的解析方法一直是该领域研究人员的努力方向。跳出导弹武器系统效能评估这个限制条件来看，其实效能分析的解析方法是很多，可能已达数百种之多[17]，但理论上最具完备性和科学性的效能分析工具，还得首推 ADC(Availability、Dependability、Capability)[18]和 SEA 方法。综观公开发表的导弹武器系统作战效能分析的相关文献，所使用的分析工具几乎全是 ADC 方法[19-20]。但是，由于 ADC 方法是建立在系统状态划分及其条件概率转换矩阵的基础上的，当应用于状态维数较多的复杂系统时，其矩阵维数会出现急剧“膨胀”而导致“维数灾”[15]；因此，对于具有攻防对抗背景的导弹武器系统，要运用 ADC 方法将作战过程中的动态特性准确描述出来，其难度太大，也一直未见有文献能真正解决此问题。SEA 方法是目前效能分析理论中研究复杂动态环境下系统效能的最得力工具，具有较强分析能力与广泛适用性。SEA 方法自 20 世纪 80 年代初产生至今，在国外已经获得了广泛应用；国内关于 SEA 方法在军事领域上的应用评估，大多集中于 C^3I 的效能分析[21]，鲜有关于 SEA 方法在导弹作战运用效能分析领域中的应用性文章。尤其是对于导弹封锁机场类目标，如何构建描述打击效果的解析模型是能否成功运用 SEA 方法的关键。例如，能从作战效能分析理论的基本原理出发，结合导弹作战特点，建立一种具有通用意义的导弹武器系统作战效能分析的解析方法非常具有应用价值。

2.2 SEA 方法的基本概念

SEA 方法作为复杂系统动态环境下进行效能分析的经典方法，本身提供了一套完整的基本概念和操作流程。这些概念体系构成了运用 SEA 方法进行效能评价的理论基础。

SEA 方法提供的概念语言就是指方法中所包含的概念模型，它是 SEA 方法用来描述实际系统的形式语言，共包括了 6 个基本概念，分别为系统(system)、环境(context)、使命(mission)、本原(primitives)、属性(attributes)和效能指标(measure of effectiveness)，它们共同构成了支撑 SEA 方法进行效能分析的概念体系。

2.2.1 系统

系统是由多个部件组成的整体。导弹武器系统、机场等都是典型的系统。按照一般系统论的观点，任何特定系统总是由一定的元素组成的，元素之间存在着相互依存、相互制约的关系，“元素的秩序即为系统的结构”。分析导弹武器对打击目标的作战效能，其系统组成并不仅仅指导弹武器，还应包含打击目标在内。

2.2.2　环境

与系统发生作用而不属于系统的所有元素组成的整体就是系统的环境。对于打击机场跑道的导弹武器系统而言，其环境可由图2.1描述。

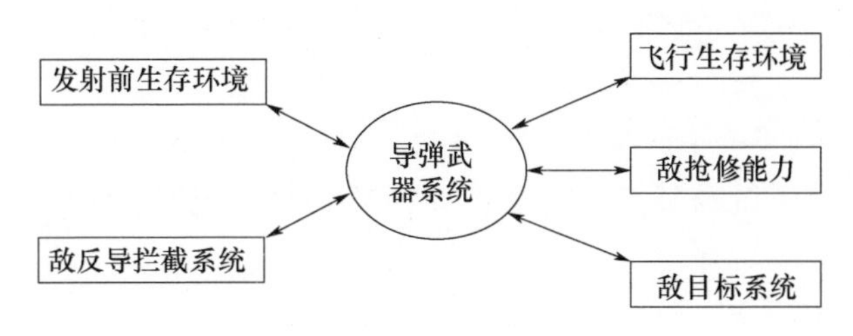

图2.1　导弹武器系统及其环境

2.2.3　使命

系统的使命是系统运动过程的秩序[21]。使命由一组目标和任务组成，对使命描述应尽量明确，以便能构造出细致模型。例如，导弹武器系统封锁机场的使命就是使机场在一定的时间内丧失了保障飞机起降的功能。应当指出的是，一个系统往往需要承担多种使命，并且在多变的环境中，不一定能够保证完成预定的全部使命，有时完成得好一点，有时完成得差一点，有时甚至不能完成预定使命。系统完成使命的好坏程度，除了受系统本身所能达到的技术（或战术）指标水平的影响之外，还受系统所处环境等一些不确定因素的影响。因此，系统在一定环境下完成其使命的程序表明了系统的“整体”能力，对这种能力的度量即为系统效能。

系统效能（system effectiveness）是指在一定环境下完成其使命的程度，表明了系统的“整体”能力，对这种能力的度量即为系统效能。系统效能是系统、环境和使命的结合体。系统、使命及环境中任何一个要素的变化都会引起系统的变化。系统、环境、使命称为系统效能的三要素。

2.2.4　属性

属性是描述系统特性或使命要求的量。系统属性是指系统本身所固有的特性，一个系统往往有多个属性。例如，导弹武器系统的属性包括可靠性、可用性、射程、精度、威力等。使命属性是指围绕完成特定使命任务对系统属性的要求，如导弹封锁机场，可以把起降飞机的能力作为用于描述封锁强度的属性，还可以把封锁时间作为属性用于描述持续封锁性。对使命属性的品质所进行的测度，称为性能量度。

性能量度是指描述系统完成使命品质的“量”,简写为 MOP。例如,测度导弹突击机场后,飞机起降能力这一属性时,可以用跑道失效概率量度,因此,跑道失效概率就是飞机起降能力的性能量度。在一个多使命的系统中,性能量度是一个集合{MOP}。

2.2.5 本原

本原是描述系统及其使命的变量和参数,包括系统原始参数、环境原始参数和使命原始参数。

1. 系统原始参数

在系统中,影响性能量度的基本变量称为系统原始参数,它们是一些描述系统能力的独立变量。

对于导弹封锁机场作战而言,系统原始参数主要指武器方面的性能及数据:武器型号、精度、抛撒半径、装填子弹数、单枚子弹对跑道的毁伤能力(毁伤面积);发射弹量、发射成功率、飞行可靠性、突防概率(以上 4 项指标决定了成爆弹量)。

2. 环境原始参数

用于描述系统环境的最基本的独立变量称为环境原始参数。对于导弹封锁机场作战而言,环境原始参数主要包括以下两方面数据。

(1) 目标信息:跑道长 L_x、宽 L_y,最小起降窗口长 $L_{\min}$、宽 $B_{\min}$,单弹坑平均修复时间等。

(2) 导弹飞行环境参数:各类反导防御武器系统的组成、部署、技术战术指标、战法等。

3. 使命原始参数

用于描述使命特征的基本变量称为使命原始参数。

对导弹封锁机场而言,使命原始参数就是封锁时限和封锁强度(或封锁把握程度),是两个常量。

2.2.6 效能指标

效能指标是系统属性与使命属性比较得到的量,它是系统效能的量化表示,反映系统与使命的匹配程度。系统效能是系统、域以及使命的结合体。系统、域和使命中的任何一个要素的变化都会引起系统效能的变化。在实际的效能评价的过程中,确定了任务想定之后,系统效能就表现为系统和使命的函数,SEA 方法的方法论基础也就是将系统和使命的轨迹进行比较而得到效能量度。

在这 6 个概念中,其中系统、环境和使命描述了要研究的问题,本原、属性和效能指标则定义了分析该问题所需的关键量。从一般系统论的角度来看,其中对于要评价的系统,“环境”定义了系统的“界”,使命规定系统的“目的”性,本原描述了系统的元素以及相应度量,属性则反映了系统的功能。这样我们就有了一套完整的系统描述方法,SEA 方法就是使用这样的一套方法完成自己的任务的。

2.3 SEA 方法的分析步骤

SEA 方法的基本思想是:当系统在一定环境下运行时,系统运行状态可以由一组系统原始参数的表现值描述。受系统运行中不确定因素的影响,系统运行状态可能有多个。在这些状态组成的集合中,如果某一状态所呈现的系统完成预定任务的情况满足使命要求,就可以说系统在这一状态下能完成预定任务。由于系统在运行时落入何种状态是随机的,因此,在系统运行状态集中,系统落入可完成预定任务状态的“概率”大小,就反映了系统完成预定任务的可能性。令系统状态 s 呈随机分布密度 $\mu(s)$,且有 $\int_s \mu(s)\mathrm{d}s = 1$, 那么,系统轨迹 L_s 上的点 m_s 也相应有随机分布密度 $\xi(m_s)$,并且有 $\int_{L_s} \xi(m_s)\mathrm{d}m_s = 1$, 则系统效能指标可为

$$E = \int_{L_s \cap L_m} \xi(m_s)\mathrm{d}m_s \tag{2.1}$$

式中 $L_s \cap L_m$——系统轨迹 L_s 与使命轨迹 L_m 的交集。

根据上面的叙述,利用 SEA 方法进行复杂系统作战效能的分析步骤如下。

(1) 确定系统、环境和使命。

(2) 由系统使命抽象出一组性能量度空间 $\{\mathrm{MOP}_i\}$。

(3) 根据系统在环境中的运动规律,建立系统原始参数 $\{X_i\}$ 到性能量度的映射 f_s,即

$$\{\mathrm{MOP}_i\}_s = f_s(x_1, x_2, \cdots, x_k) \tag{2.2}$$

(4) 根据系统使命要求,建立使命 $\{Y_i\}$ 原始参数到性能量度的映射 f_m,即

$$\{\mathrm{MOP}_i\}_m = f_m(y_1, y_2, \cdots, y_n)$$

(5) 由 f_s 和 f_m 在 $\{\mathrm{MOP}_i\}$ 空间上产生系统轨迹 L_s 和使命轨迹 L_m,如图 2.2 所示。

根据两轨迹空间的重合程度按式(2.1)求解系统效能指标 E。

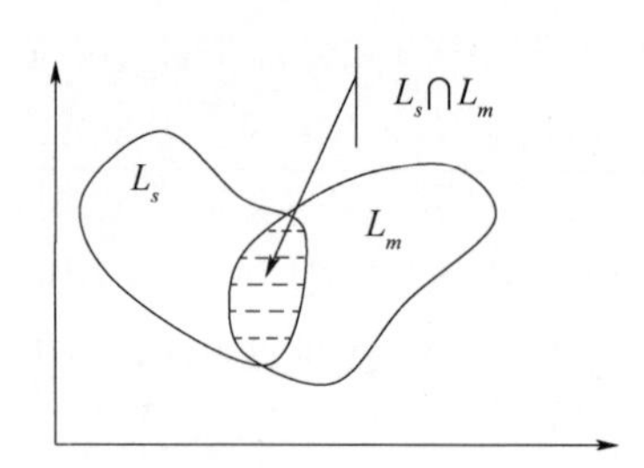

图2.2　系统轨迹和使命轨迹在性能量度空间上的域

2.4　SEA方法建模难点分析

在1.4.2节中,通过分析运用SEA方法所基于的方法论研究了这一效能评价方法的优缺点,SEA方法本身缺乏对实际系统的功能属性进行描述的模型和相应的数据处理模型,而实际建模过程中往往需要建模人员综合利用其他的模型方法具体问题具体处理。在此,就建模过程中的几个关键问题进行分析研究,给出有益的探讨。

2.4.1　属性建立应遵循的原则

由SEA方法建模的过程可知,使用SEA方法对武器系统的效能进行分析,其最后效果如何,取决于我们对系统和使命的描述是否足够细致。这就涉及指标的选取。在此前我们已经讨论过,运用SEA方法分析系统的作战效能,在评价指标的选取上,要符合若干原则,如完备性原则、可量化原则、灵敏性原则及独立性原则等,但对于具体对机场封锁作战而言,如何选取指标是个很大的问题,要能够足够详细地描述系统又不会因为指标过多造成主次不分而影响可操作性,这并不容易。对于导弹封锁机场作战效能评估问题而言,由于选择指标的问题,本书会在其后的章节专门予以讨论,因此,在这里,我们先研究指标的简洁性和指标的可量化,这两个在所有SEA方法中都突出存在的问题。

1. 关于指标的简洁性原则

由于SEA方法最后所要计算的是系统属性空间和使命属性空间到共同空间的映射,这就提出了映射方法的可行性要求问题。如果我们在对系统进行评价时,选取了过多指标,很可能出现映射方法难以反映复杂指标映射关系的问题。事实上,常有因为选择指标过多而导致最后评价结果的显著性降低,分不清所得到的各分效能指标的主次关系。一般来说,在选取系统属性指标时,以控制在6个以下为宜。

降低选取指标个数的方法主要有两种：一是合并分指标为总指标；二是聚焦用户最关心的问题，精选指标。针对具体问题，尽量减少或不选取那些非突出因素指标或者虽然重要但我们已经确知该方面对系统效能影响情况的指标。

2. 关于指标的可量化原则

选取的指标是否便于量化，也是运用SEA方法建模时需要重点考虑的问题，因为这涉及3个空间之间的关系。空间之间由于存在映射和被映射的关系，如图2.3所示，这样3个空间自身的拓扑性质就是必须要考虑的问题。如果对所选取的属性指标不做任何限制，我们很容易陷入抽象拓扑空间之间的映射关系之中，那样相应地对系统和使命进行分析时，必然涉及拓扑空间的结构、泛函的定义等问题，那样会使得应用问题变得过于理论化，而其最终的效果不得而知。

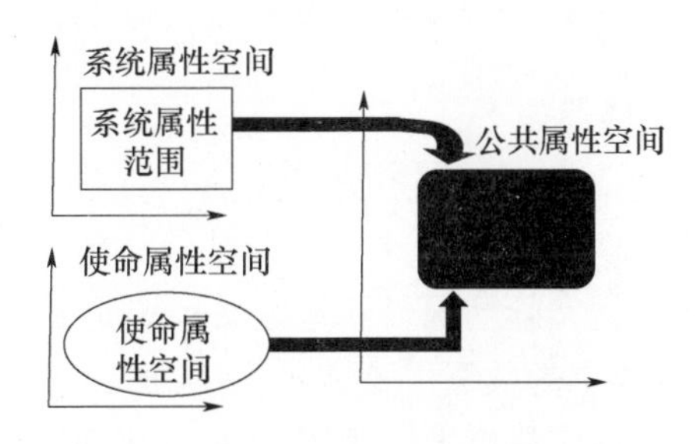

图2.3　SEA方法中的空间映射关系

考虑到实际的指标值多是可以用实数加以量化的，而一些不宜量化指标（如安全性），在我们选取了一定的客观标准之后，可以使其等级化（如定义安全等级），这样仍然实现了量化。因此，可以认为所选取的指标都是可以用实数量化和序化的，因此，这里的属性空间都是指欧氏空间或者欧氏空间的子空间。所以我们在确定属性时，就需要将指标定量化。指标本身是否可定量化描述也就是我们选取属性指标的客观标准之一。

2.4.2　关于使命概念的描述

在前文中，我们定义了武器系统的效能是指在特定条件下，武器系统被用来执行规定任务所能达到预期可能目标的程度。它表现了武器系统完成规定任务的能力。对于导弹武器系统而言，也是如此。运用SEA方法建模，我们的使命要求实际就是对系统完成预定任务的要求，这个预定任务并不必然地与实际作战环境紧密相连，如战斗部侵彻跑道爆炸所形成的弹坑，并不要求必须使用实际作战环境监测的结果。我们可以把SEA方法中的使用定义更清晰地描述为对系统的"要求"(requirement),它是我们对系统的能力要求的定性或定量化表示,可以是由军事需求描述等方法得到的结果,也可以是直接定义在作战目标上的要求,从而使得对系统要求的定位更加清晰,可以表述在性能量度、效能量度、作战效能3个指标层次上,如图2.4所示。

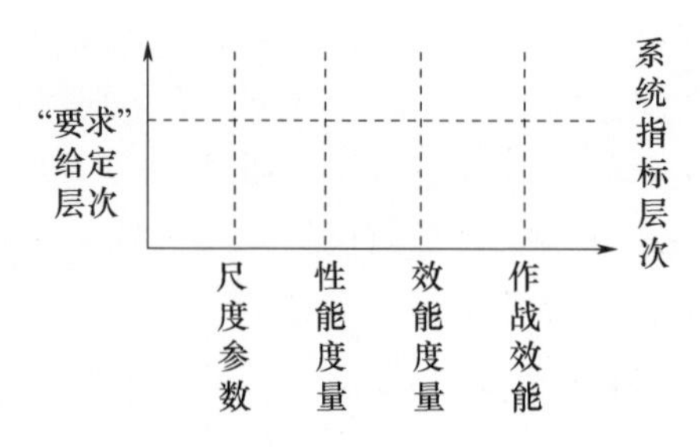

图2.4 对系统所作"要求"定义的层次

相应的效能(MOE)描述如下:

效能(MOE) = F{系统属性(MOP),要求}

由此可以看出,这样定义的效能并不强调是作战效能,因此,我们在评价对应系统的效能时,可以根据实际情况灵活地定义系统完成任务的度量,也方便利用其他的方法获取系统要求的数据。这就扩大了SEA方法的适用范围,使公共空间的建立更具灵活性,一定程度上克服了SEA方法固有的缺陷。

总之,"要求"概念的外延比使命概念更加宽泛,概念本身更有灵活性,尤其有利于描述需求以及属性映射,从而完成公共空间的获取这一SEA方法中的重要问题。

2.4.3 效能函数的形式化描述

考虑系统属性空间的轨迹和对系统的要求反映在公共属性空间的轨迹,分别用S和R表示。定义对于轨迹的测度M(如体积),则相应的两个轨迹的测度分别为$M[S]$、$M[R]$,相交轨迹的测度为$M[S\cap R]$,则系统效能表现为三者的函数,即

$$\mathrm{MOE} = F(M[S], M[R], M[S \cap R]) \tag{2.3}$$

式中 F——效能函数,值域范围为$[0,1]$。对于SEA方法而言,这里F表示的是一种比较意味,即是属性满足要求的程度。对于F显然必须满足以下3个条件。

(1) 当$R\subseteq S$时,$F=1$,也就是当对系统"要求"的轨迹完全包含在系统轨迹中,系统能够完全满足对系统的要求,那么,系统效能的值为1。

(2) $S \cap R \neq \phi$,且 $S \cap R \subset S$,$S \cap R \subset R$($0 \leqslant \mathrm{MOE} < 1$),表示系统能够部分地满足要求,特别地,当 $M(S \cap R)=0$ 时,$F=0$。

(3) 固定 $M[R]$后,F 是 $M[S \cap R]$的单调递增函数,表示当我们对系统的要求一定以后,相交轨迹的测度越大,系统效能值越大;固定 $M[S]$,F 是 $M[R]$的单调递减函数,它表示当系统固定了,我们对系统要求越多,系统效能就表现得越小。效能函数的增减性在一定程度上可以说明当系统或者我们对系统的需求动态变化时,系统效能值的变化情况。这样就给出了效能函数的形式化要求。这对于选取效能函数的具体形式具有实际的指导意义,而在系统实现过程中,也可以据此给定判断准则,评判某一个已有函数是否可以作为效能函数。

2.4.4 关于共同空间的获取

对于 SEA 方法而言,其评价有效性如何,除了对系统的要求和对于系统本身的描述是否准确细致外,另一个重要的因素是公共空间的建立和空间的映射是否得当。

如图 2.5 所示,系统评价的指标体系分为 4 个层次,分别为尺度参数(DP)、性能度量(MOP)、效能度量(MOE)和作战效能(MOFE)。

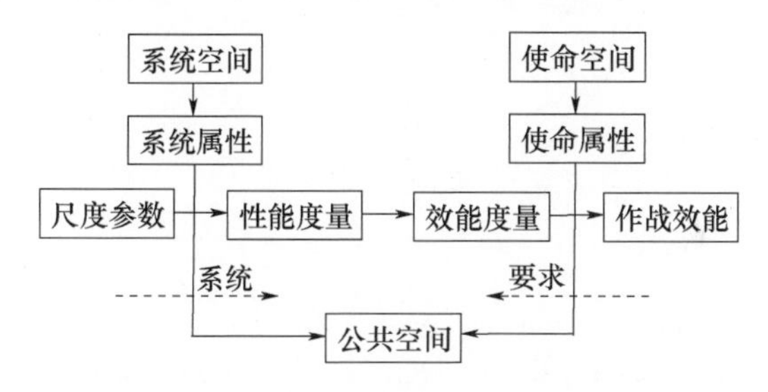

图 2.5　SEA 方法中的空间映射关系

系统属性一般是构筑在性能度量层次上的,而对于系统的要求则在性能度量,效能度量和作战效能 3 个层次上都有可能获得定义。基于作战背景的使命要求是在作战效能层次上的描述;对系统的一般要求多是在效能度量层次上的描述,而在有些情况下,已经存在源于其他方法得到的性能要求数据,这些数据已经反映出了对系统完成任务情况的要求,我们也可以直接在性能度量层次上直接定义要求,从而根据上面定义的效能函数进行效能评价。

对应于系统要求定义的层次,公共空间的建立也有相应的层次问题。就目前来说,常见的做法是把公共空间直接定义性能度量层次,也就是说,和系统属性空间同一,然后寻找由使命属性空间到这一空间的映射。采用这样的做法很大程度上是因为现有映射方法的局限,例如,采取Lanchester方程或者对策论方法建立映射,都是在先定义作战目标的前提下,使用解析方法得到描述作战目标的物理量与系统性能参数之间的表达式,从而把使命要求映射到对系统性能参数的要求。这样的做法本身并没有必然性,我们可以灵活地定义从性能度量层次到作战效能层次之间的任何空间层次作为公共空间,这个层次也可以不局限于单一纯粹的层次,甚至可以有几个属性指标在性能度量层次,而另外几个属性指标在效能度量层次。

定义的原则是方便我们充分利用现有各种处理模型方法和具体建立映射关系。这样就扩展了建立映射的方法,也利于我们针对实际系统灵活操作。

值得充分重视的一个问题是利用仿真方法建立这种映射关系。对具体的导弹武器系统来说,只要我们明确定义了系统属性和对系统的要求,就可以借助合适的模型方法(Lanchester方程、对策论方法、影响图方法、建模仿真等)构建映射。相对于其他方法,建模仿真是具有普遍意义和较高可操作性的方法,只要有了系统任务想定,明晰了系统的关键要素及其关系,就可以进行仿真模拟,从而得到系统运行结果,和所定义的系统要求进行比较,得到了对系统效能的评价结果。

参考文献

[1] DERSIN P, LEVIS A H. Large System Effectiveness Analysis: Technical Reports of Laboratory for Information and Decision Systems: LIDS – TR – 1072[R]. U. S. Massachusetts Institute of Technology, 1981.

[2] LEVIS A H, HOUPT P K, ANDREADAKIS. S K. Effectiveness Analysis of Automotive Systems, June 19 – 21, 1985[C]. Boston: IEEE, 2009.

[3] BOUTONNIERE V, LEVIS A H. Effectiveness analysis of C^3I System, Sep 14, 1984[C]. Boston: IEEE, 2009.

[4] BOUTONNIERE V, LEVIS A H. Effectiveness Analysis of C^3 System, July 14, 1984[C]. Boston: IEEE Transactions on Systems, Man, and Cybernetics: Systems, 2012.

[5] MARTIN P J F. Large Scale C3 System: Experiment Design and System Improvement: Technical Reports of Laboratory for Information and Decision Systems: LIDS – TR – 1958 [R]. U. S. Massachusetts Institute of Technology, 1986.

[6] WASHINGTON L A, LEVIS, A H. Effectiveness Analysis of Flexible Manufacturing Systems: Technical Reports of Laboratory for Information and Decision Systems: LIDS – TR – 1430, [R]. U. S. Massachusetts Institute of Technology, 1985.

[7] BOHNER C M. Computer Graphics for System Effectiveness Analysis[R]. London: AD – A173546

MF, 1986.

[8] Undersea Defense Technology[M]. UK: Bedford House, Fulham High Street, London SW6 3JW, 1982: 654 - 699.

[9] 王广耀,门星火,谢虹,等. C^{3}I 系统仿真评价环境与方法研究[J]. 情报指挥控制系统与仿真技术, 2005(02):35 - 38,42.

[10] 杨秀珍,潘泉,徐乃平,等. C^{3}I 系统作战效能研究[J]. 系统工程与电子技术,1998(10):3 - 5.

[11] 邓苏,于云程. 一种防空 C^{3}I 系统的效能分析方法[J]. 系统工程与电子技术,1992(03):48 - 53.

[12] 吴晓锋,周智超. SEA 方法及其在 C^{3}I 系统效能分析中的应用——(Ⅰ)概念与方法[J]. 系统工程理论与实践,1998(11):3 - 5.

[13] 李廷杰. 导弹武器系统的效能及其分析[M]. 北京:国防工业出版社,2000.

[14] 关成启、杨涤、关世义. 导弹武器系统效能评估方法研究[J]. 系统工程与电子技术,2000,22(7): 32 - 36.

[15] 张克,刘永才,关世义. 关于导弹武器系统效能评估问题的探讨[J]. 宇航学报,2002,23(2):58 - 66.

[16] 韩松臣. 导弹武器系统效能分析的随机理论方法[M]. 北京:国防工业出版社,2001.

[17] 胡晓峰、罗批、司光亚,等. 战争复杂系统建模与仿真[M]. 北京:国防大学出版社,2005.

[18] A methodology to find overall system effectiveness in a multicriterion environment using surface to air missile weapon systems as an example. AD - A109549,1981.

[19] 吕彬. 导弹武器作战系统作战效能评估模型研究[J]. 指挥技术学院学报,1999,10(6):43 - 46.

[20] 甄涛. 地地导弹武器系统作战效能评估[M]. 北京:国防工业出版社,2003.

[21] 胡剑文、张维明、刘忠. 数值 SEA 算法及其在反隐身防空系统效能分析中的应用[J]. 系统工程理论与实践,2003,23(3):54 - 58.

[22] CHEN D, STROUP W. General System Theory: Toward a Conceptual Framework for Science and Technology Education for All[J]. Journal of Science Education and Technology, 1993, 2(3):447 - 459.

第3章　机场目标分析及作战效能准则选取

形象一点说,机场就是飞机的“家”,战机飞累了,就需要回“家”;一旦家园被毁,无“家”可归,便会丧失持续作战能力,这便是打击封锁机场的意义所在。打击机场首先需要解决打击什么目标的问题,因为这关系武器作战效能能否发挥至最佳,因此,要进行目标的系统分析;打击的效果好不好,是需要评价的,采用什么准则评价,则涉及作战效能准则的选取。这些工作是进行打击封锁机场作战效能评估的基础性理论工作,本章的研究,就是为了解决上述问题。

3.1　打击封锁机场的军事价值

3.1.1　机场的地位与作用

1. 机场的作用

军用机场是供战机起飞、着陆、停放和组织、保障飞行活动的场所,是空军、海军和陆军航空兵部队进行训练和作战活动的主要依托,一般由一个机场群和一系列较完善、保障能力较强的飞行保障设施组成[1]。

根据机场功能和用途的不同,可分为军用机场和民用机场。军用机场通常是由一个大型机场和一系列完善的飞行保障设施组成的军事基地。其主要任务是[1]:保障所驻航空兵部队具有高度的战斗准备和生存能力,随时进行机动、训练和作战。军用机场按其使用飞机类型的不同可分为歼击机机场、轰炸机机场、运输机机场等。机场一般由飞机、飞行场地、飞机防护设施、飞行指挥与保障设施、营区等组成,是一个大型综合性的目标系统。这种严密的组织系统可为航空兵兵团驻扎和作战,以及在主要航线上飞行的飞机提供可靠的保障。

2. 机场在战争中的地位

机场通常是以飞行场地为中心,按照利于保障和防护的原则,修建相关的指挥、防护、保障和营区等设施;由众多机场所构成的机场网,可以保障己方战机空中作战,抗击对方飞机来袭威胁,而且支持空中力量发动对敌方的远程空中打击[2]。机场对于保障空军力量作战具有十分重要的战略地位。

(1) 机场完善的设施设备为空中力量驻扎、训练和飞行试验提供了各方面保障[3]。机场作为航空基地的主要部分，专供飞机起飞着陆使用，其完善的跑道、滑行道、停机坪、机库、机窝、休息室及航行调度、导航等设施设备可以保障飞机的值班使用。越是大型专用作战飞机，对保障要求就越高，如空中预警指挥机、空中加油机、电子侦察机、电子干扰机、反辐射飞机等高保障能力的飞机对于跑道的长度、宽度、过载承受能力和机库机窝的结构尺寸都有特殊的要求，这使得许多军用机场具有难以替代性。

（2）机场为战机提供油料和弹药补给的功能很难替代的。现代空中作战已经不仅是少数几种作战飞机的协同配合作战，而是由若干专用作战飞机、多用途作战飞机和保障飞机密切协同的空中作战群体，而空中群体作战又离不开地面的指挥与保障。作战飞机在空中加油机的支持下可以进行空中加油，但却无法在空中进行弹药的补给，弹药补给和更换，还得依靠地面操作。

（3）机场是支撑战机实施高强度连续作战的关键。在高强度的空中作战的，战机需要检查维护，飞行员需要休息，这些都离不开机场的条件保障。

3.1.2　打击封锁机场的意义

现代战争，特别是几场高技术条件下的局部战争表明，通过袭击、封锁敌方机场对于压制敌方空中作战行动、夺控战场制权、改变战场态势，快速取得战争胜利有着非常重要的作用和意义。

（1）打击封锁机场能够有效阻止敌机起降，能够快速夺取战场的制空权。表3.1归纳了第二次世界大战以来突击机场的主要战例，从表中可以看出，第二次世界大战以来重大的战争行动，几乎都要首先突击对方的机场。空军军事理论的先驱杜黑曾经精辟地指出，“摧毁对方地上的鸟巢和鸟蛋，要比消灭空中的鸟更有效”；丘吉尔在不列颠战役中深刻认识到，摧毁机场则可能是迅速夺得战略主动权的重要途径。历史是一面镜子，反复提醒人们：打击封锁机场是快速夺取制空权的有效手段。

表3.1　第二次世界大战以来突击机场的主要战例

战例	时间(年月日)	出动飞机架次	被突击机场	战果
德国闪击波兰	1939.9.1	2300	21	两天内击毁波军飞机900架，大部分被击毁于地面
德国闪击法国	1940.5.10	4500	72	袭击纵深达400km，包括法国北部、荷兰、比利时、卢森堡等国机场，3天内击毁法国飞机1000多架，大部分被击毁于地面

（续）

战例	时间（年月日）	出动飞机架次	被突击机场	战果
德国进攻苏联	1941. 6. 22	5100	66	袭击了苏军西部的全部机场，第一天苏军损失飞机 1200 架，其中 800 架被毁于地面
日军偷袭珍珠港	1941. 12. 8	351	7	击毁美军飞机 300 多架
第三次中东战争	1967. 6. 7 开战头一天	300（1000）	25	阿方损失飞机 451 架，开战 3h 击毁了阿拉伯国家 25 个主要机场
朝鲜战争	1951. 3—8 1951. 8—10		6（新）8（修补） 第二批 3（新）	6 个新建机场遭突击 72 次，共投弹 6826 枚，落于跑道滑行道的为 33%；8 个修补机场遭突击 18 次，共投弹 4695 枚，落于跑道滑行道的为 4. 6%； 共投弹 6935 枚，落于跑道、滑行道 22%
两伊战争	1950. 9		7	伊拉克首先突击伊朗的 7 个机场
印巴战争	1971 （开战头 3 天）	印出动飞机 1100 多架		由于巴方修建了比较坚固的飞机掩蔽库，机场的对空防御火力较强，巴方飞机只被击毁 7 架，而印方飞机却被击落 32 架
海湾战争	1991. 1. 17—2. 28	多国部队突击伊拉克	伊拉克 38 个机场遭轰炸	伊拉克全国一共有 60 个机场，其中空军主要机场 40 个，修筑有飞机掩蔽库 300 多个，其中约 80 个飞机掩蔽库被炸毁，700 架飞机中，120 架被炸毁，40% 丧失战斗力
科索沃战争	1999. 3. 14—6. 5	北约部队突击南联盟	南联盟 17 个军用机场中 16 个遭破坏	北约共动用意大利、德国、英国等 12 个空军基地飞机 1100 多架，出动 3. 2 万架次（直接用于实施空袭只有 1 万架次），投弹 2. 1 万 t，发射巡航导弹 1300 枚。据北约称，空袭 1900 多个目标，击毁击伤飞机 100 多架，大部分军工设施极全部的炼油设施

（2）打击封锁机场能够快速改变战场态势，确保己方行动顺利展开。机场是战时实施空中作战活动的重要依托，是夺取制空权、实施空降作战、保卫己方

重要目标等所有空中作战活动的保障。技术条件下的现代战争，如 20 世纪 80 年代爆发的英阿马岛战争、以色列入侵黎巴嫩战争、美国空袭利比亚战争，90 年代爆发的海湾战争、科索沃战争及 2019 年美军运用 59 枚“战斧”巡航导弹摧毁叙利亚空军机场等战例，都充分说明了空中力量在战争中所起的巨大作用。因此，在高技术条件下的现代战争中，对方重要机场是导弹、战机和其他精确制导武器袭击的重要对象之一，是交战双方首选的打击目标。

（3）机场目标大，容易打击。机场目标众多，像机场跑道之类的子目标，是供飞机作战训练起飞、着陆滑跑的重要场地，是空军最为基本的战场要素及核心战斗力的重要成分，面积大，又不便于伪装，加之坐标定位容易，跑道本身缺乏切实可行的防护设施，很容易成为作战当中的首选打击目标[4]。第二次世界大战以来的重大战争行动，几乎都是首先突击对方机场，突击往往又以毁瘫跑道为主[5]。历次战争及局部冲突又充分证明，即使采取了种种防御措施，机场（尤其是机场跑道）总难免遭到敌方的空中或地面火力的攻击，随着第四代隐身飞机、高速巡航导弹、精确制导弹药和封锁型弹药大量使用，通过打击跑道，很容易压制对手飞机无法起降，迅速夺得战略主动权。

3.1.3　打击封锁机场要达到的目的

机场是作战双方首先要进行打击的重要目标，攻击敌方机场是压制敌空军作战能力的有效手段。但由于受导弹武器毁伤机理和杀伤威力的限制，直接对机场进行摧毁性打击还存在一定困难，从实际情况考虑，使用远程精确武器打击机场大多是通过对机场要害部位或关键环节实施打击，从而达到压制或瘫痪对手空军作战能力的目的。

打击机场目标，最关心的是能在多大程度削弱其整体作战能力，或如何最大程度减少在作战开始的某段时间内对手空军基地内升空作战的飞机数量[6]。最理想的情况当然是彻底摧毁机场目标，让机场完全丧失作战能力。但在实际作战中，这种打法可能需要耗费极大的弹量，故从费效比角度考虑，这样的打击方法，其作战效能未必最佳。事实上，第二次世界大战以来，袭击、封锁对方机场大多是选择对方的跑道来予以破坏。图 3.1 是第二次世界大战时期被日军炸毁的柳州机场，从图中可以看出，当时的打击封锁机场的普遍战法，也是选择破坏跑道来达到阻止对手作战飞机升空作战的目的。

对机场目标实施火力突击，既可以袭扰，也可以压制，甚至瘫痪机场起降功能。如果把机场的受袭强度划分为被袭扰、被压制和被瘫痪三类，依据《评定射击效率原理》等公开教材，各类强度的打击描述如下[7]。

图3.1　第二次世界大战时被日军炸毁的柳州机场

对机场目标的袭扰性打击,是对拟打击的机场目标实施多点和不定时的火力突击,袭扰其飞机的正常起降、打乱其作战部署、使机场内的战机难以正常地执行作战任务。在火炮运用原理中,袭扰性打击可采用相对毁伤程度作为效果指标,一般要求目标的平均相对毁伤程度达到一定范围,例如,俄罗斯陆军认为,目标的平均相对毁伤程度要达到10%以上才能称为袭扰性打击[8]。同样地,对机场实施常规火力突击,要达成袭扰的效果,同样要求毁伤程度达到一定的范围。

对机场目标的压制性打击,是对拟打击的机场目标实施集火与梯次相结合的火力突击,压制机场内飞机的主要起降活动,使其在一定时间内不能投入作战,使机场暂时失去功能。压制性打击要求平均相对毁伤程度大于袭扰性打击,如俄军认为,对目标的平均相对毁伤要达到30% ~40%,才能称为压制性打击[8]。

对机场目标的瘫痪性打击,对拟打击的机场目标实施集中火力突击,瘫痪其主要设施,使其在较长时间内完全丧失战机起降能力。瘫痪性打击要求平均相对毁伤程度大于压制性打击。如俄军认为,对目标的平均相对毁伤要达到60%以上才能称为瘫痪性打击[8]。

对于普通火炮而言,一般采用相对毁伤程度作为效果指标,但对于导弹封锁机场而言,沿用陆军火炮射击效率原理能否满足封锁机场作战效能分析研究的需要,则需要认真分析[9],这在本章的"效能准则的选取"部分将专门探讨。

分析至此,可以认为,用导弹等远射程武器发动对机场目标的防区外精确打击,一是必须打,二是能够打。至于"怎么打",则涉及打什么目标才能发挥最佳作战效能的问题，这需要对机场目标的组成和子目标易损性进行分析，才能确定打击目标的优选排序。

3.2　机场目标的组成

机场其实是一个综合性的工程建筑群和设备综合体。通常包括飞机、飞行场地、机场防护设施、飞行指挥和保障设施、营房区等[1]，它是一个大型综合性的目标系统。

(1) 飞机。飞机是脆弱目标，作战中无防护的飞机极易受到毁坏。只要受到中等程度以上的破坏，飞机就会丧失作战能力。飞机一般都暴露配置在停机坪和疏散区内，也有为防范打击存放在机窝内的。

(2) 飞行场地。飞行场地是机场的主体，由跑道、停机坪、滑行道等设施组成。跑道有一条或数条，道面用混凝土或沥青、金属料石等材料铺筑，供轰炸机起降使用。停机坪是供飞机停放、维护和地面准备而铺筑的场地，根据大小与功用的不同分为集体停机坪、个体停机坪、警戒停机坪、加油坪和靶坪等。滑行道是连接跑道和停机坪，供飞机滑行或牵引而铺筑的地段，根据使用要求的不同分为主滑行道、联络道和辅助滑行道。

(3) 机场防护设施。机场防护设施有飞机洞库、飞机掩蔽库、飞机疏散区等。飞机掩蔽库是拱形结构，是战斗机场的一项重要防护设施，对于有效地保护飞机，并迅速出击有很大的作用。它通常是指掘开式单机或多机工事，有钢筋混凝土半圆落地拱、直墙圆拱等形式。飞机洞库是指利用机场附近的自然山体掘洞构筑的坑道式飞机防护工事。飞机洞库的长度，根据掩蔽的飞机架次确定，其跨度按容纳飞机型号确定。飞机疏散区是指机场附近分散停放飞机的区域。疏散区通常还修有飞机掩体，即在个体停机坪周围堆筑土掩体。飞机可以在疏散区进行地面准备，有的还可以从应急起飞道起飞。

(4) 飞机指挥通信设施。主要包括指挥所、飞行指挥塔台、通信台、导航台、雷达站、飞行管制室和气象台等。

(5) 飞行保障设施。主要有机务保障设施、后勤保障设施。机务保障设施包括飞机修理厂、定检厂及各种维修工作房等，后勤保障设施包括三库(油库、弹药库、航材库)、四站(冷气、充电、充氧、制氧)和供电系统、伞室、夜航灯光设备等。

(6) 营房区。通常按部队建制和便于管理的原则分散修建，有供空地勤及其他人员办公居住的普通营房，有供特种技术勤务活动使用的特种营房。营房区很脆弱、极易遭受破坏。

经上述分析，可以把机场分为飞机、飞行场地、飞机防护设施、飞机指挥通信设施、飞机保障设施、营房区等多类多个主要子目标，各类子目标又可以根据其功能进一步细分。这些只是普通意义上的机场的大致组成，具体的机场目标特性，往往需要根据其运行特性，进行单独分析。

3.3 影响机场封锁效能的因素分析

机场由众多子目标组成，在弹量有限的情况下，到底要先打哪些子目标，关系着打击封锁机场的作战效能能否达到最佳。

应当予以说明的是，虽然驻场飞机是机场中的高价值目标，但是对于导弹武器而言，如果没有精准的情报支持，多数情况下是不考虑直接打击露天停放的作战飞机的，因为很难保证对方飞机会一直停在原地，等着导弹飞来。导弹武器打击的机场子目标，主要还是跑道、停机坪、保障装备或指挥设施等子目标，并通过对这些子目标的破坏阻碍作战飞机发挥作战效能。换言之，机场一旦无法有效保障飞机起降、无法提供油料和弹药保障，其实就相当于把机场目标的作战效能降下来了。

影响机场封锁效能的因素有哪些呢？在此，主要从 3 个方面进行考虑：一是可参战飞机的数量；二是机场最大飞机起降数；三是打击某一个子目标对其他子目标造成的附带损伤。

3.3.1 影响可参战飞机数的因素分析

1. 机场容机量

机场容机量是指一个机场区域同时能容纳和保障飞机的最大数量，与多种因素有关，主要有机场停机坪、飞机掩蔽库、飞机洞库的使用面积、保障空军战斗活动的技术设施的配备程度等。它是考虑可参战飞机总数时一项具有不可替代特性的因素，因而，这个因素指标的变化将直接影响到可参战飞机数量的变化。但在导弹突袭作战时，由于飞机一般都隐蔽于飞机掩体中，且火力突击并不把机库、停机坪作为主要打击目标，故这个指标的变化不大，且难于确定，在实际计算中可根据实际作战任务的需要决定是否忽略。在评价机场目标的作战效能时，考虑实际情况，由于这个指标很难确定，因而忽略掉这项因素。

2. 机场保障能力

油库和弹药库是机场保障设施的重要组成部分，它们是油料、弹药及军械等作战物资的储存设施，是持续作战能力的重要保障。对油库和弹药库而言，最主要的功能是提供油料和弹药的保障。用常规弹头对油库、弹药库进行打击的目的是为了毁伤其主要设施,打击其主体建筑,切断飞机飞行的补给来源,使其在较长时间内丧失基本作战能力,并引起连锁爆炸破坏效应[11]。在未来作战中,虽然作战飞机可能在打击过程中受到保护,损失较小,但如果后勤供应中有一环受到严重破坏,如油库受到破坏不能给飞机提供油料,弹药库受到破坏不能给飞机供给弹药,就会直接影响到可参战飞机总数。因此,油库的保障能力和弹药库的保障能力是影响机场可参战飞机数量的重要因素。

3.3.2　影响机场最大飞机起降数的因素分析

1. 机场跑道支持的最大升降能力

常规战斗部对机场跑道进行打击的目的是为了使飞机在一定时间内,不能在该跑道上起降,从而削弱机场的起降能力。在不考虑飞机转场进行升降的情况下,机场跑道的状况完全制约着机场的升降能力。跑道的毁伤程度,可以不加任何系数的计入机场升降能力的下降程度中。尤其当跑道上不再存在最小升降窗口时,可以认为在修复之前,机场彻底失去起降能力,不再具有作战能力。这也正是目前打击机场类目标多选取跑道作为主要打击目标的原因之一。总之,跑道所支持的最大升降能力是影响机场最大起降飞机数的一个重要因素。

2. 指挥设施对机场升降能力的影响

飞机的升降完全依靠飞行指挥设施的指挥,当指挥设施受到毁伤时,无法对作战飞机实施组织指挥,不能引导飞机进行正常的起降活动,从而会影响机场的升降能力。因此,打击指挥设施会直接影响机场的升降能力,从而影响到机场最大飞机起降数,最终会对机场目标的作战效能造成影响。

3.3.3　打击机场某个子目标引起的附带毁伤因素分析

用导弹武器打击机场目标时,由于导弹的精度问题,对某一类子目标的打击也会以一定的概率对该集群目标中的其他子目标造成一定的毁伤,如果忽略了这部分毁伤,显然会造成计算结果的失真及导弹武器的浪费,从而会影响对机场目标作战效能的评价结果。

主要考虑打击跑道对机场其他子目标造成的毁伤程度。根据打击跑道所使用的常规弹头毁伤目标的机理以及机场其他子目标的性质,常规弹头可以对飞机掩蔽库、油库弹药库、停机坪等造成一定的毁伤。

3.4　机场效能模型及易损性分析

在使用同等弹量弹药条件下,打击机场哪些子目标会造成机场整体作战效能的最大程度的下降呢？得想办法将机场各子目标遭受打击后毁伤程度与机场作战效能的衰减合理的联系起来。为此，提出了一个用保障度来评估机场保障能力的思路[10-13]，并用指数法构建保障度模型。

3.4.1 机场效能评估指数模型

1. 建立机场目标作战效能的指标体系

为建立机场目标整体作战效能的评价模型，从系统分析入手，采用层次分析的方法，综合考虑对机场目标整体作战效能构成影响的各种因素，并广泛征求专家的意见，建立如图3.2所示的指标体系。

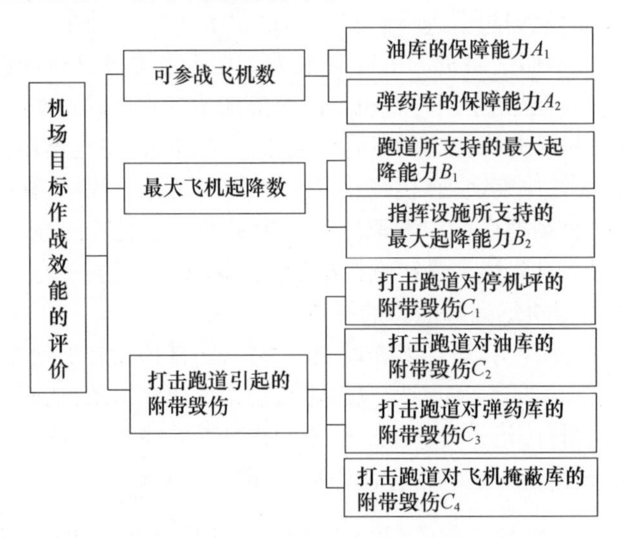

图3.2 机场目标作战效能的指标体系

应予以指出的是，从3.3节的分析可知，对于影响机场目标整体作战效能的因素，主要概括为以下3个方面：一是可参战飞机的数量；二是机场最大起降飞机数；三是打击跑道子目标对其他子目标造成的附带毁伤。利用3.3节的分析结果，将它们进一步分解成若干种分指标，如影响飞机最大起降架次的因素又可细分为跑道所支持的最大起降能力和指挥设施所支持的最大起降能力。将二级指标细分为8种子能力，经过这么分析后，最后形成机场目标作战效能的主要性能指标。

2. 机场目标作战效能的评价模型

下面将要讨论如何根据所建立的指标体系，构造机场目标作战效能的评价模型。

建立机场目标作战效能的评价模型时，我们将采用解析计算、仿真模拟、层次分析等多种综合方法。对某些分指标，如跑道所支持的最大升降能力等，将采用比较成熟的解析或仿真模型进行评价；对于可参战飞机的数量、最大飞机起降能力、打击跑道的附带毁伤等因素权重系数的确定，将采用层次分析方法进行评价。

1）机场目标作战效能指数的计算模型

机场目标的作战效能，是指用导弹武器打击机场中的重点子目标后，机场目标整体作战能力的下降程度或下降水平。我们将用“作战效能指数”度量机场目标整体作战能力的下降水平。由图 3.2 的指标体系可知，机场目标的作战效能由可参战飞机数量、机场最大飞机起降数、打击跑道对其他子目标引起的附带毁伤这 3 项分指标所决定，而它们基本上可以看作是相互独立的，因此，可用下式对机场目标的作战效能进行综合，即

$$E = W_1E_1 + W_2E_2 + W_3E_3 \tag{3.1}$$

式中　E——机场目标的作战效能指数；

E_1——机场可参战飞机数量指标指数；

E_2——机场最大飞机起降能力指数；

E_3——打击跑道的附带毁伤指数；

W_1、W_2、W_3——可参战飞机数量、最大飞机起降数、打击跑道引起的附带毁伤对于机场目标作战效能的权重系数，W_1、W_2、W_3 的计算可以采用 APH 法、专家评估法等进行计算。

2）毁伤效果指标与效能衰减的关系模型

打击机场目标通常是打击其中的某些重点子目标，并通过对这些子目标某种程度的破坏，削弱甚至瘫痪整个机场目标的运作，从而达到降低机场作战效能的目的。在大多数情况下，对各子目标打击所造成的毁伤效果既不是完全毁伤，也不是毫无毁伤，而是某种程度的毁伤。与此相对应的是，这些子目标的（作战）效能既不是损失殆尽，也不是毫无损失，而是部分影响和损失。事实上，从作战运用的角度，也存在着对目标实施较小强度打击的情况，如对目标实施压制射击，它所对应的平均相对毁伤为 30% ~60%。显然，压制射击不能使目标的效能全部丧失。

总之，针对机场中的单个子目标，需要找到一种将毁伤效果计算的概率指标与目标效能衰减关系的数学表达式。

对于某个子目标，设：

该子目标固有的作战效能值为 E；

其毁伤效果计算的概率值为 P；

其受打击后预计的效能损失值为 E_d。

通过定性分析可以得出以下结论。

(1) 若 $P=0$,则 $E_d=0$。

(2) 若 $P=1$,则 $E_d=E$。

(3) 当 P 在其取值范围[0,1]的低端,如从 $P=0$ 到 $P\neq 0$ 附近,E_d 的变化会较为显著。这是因为从不可能摧毁到有可能摧毁的转折之初,会从综合效应的角度对目标效能的衰减产生较大的影响。

(4) 当 P 在其取值范围的高端变化时,E_d 随 P 的变化会较为缓慢,如对目标的平均相对毁伤概率从85%上升到90%时,E_d 不会有较为显著的变化。

综上所述,E_d 与 P 之间的关系曲线是一种经原点和$(1,E)$两点之间的非线性曲线,在曲线低端 E_d 随 P 的变化而变化得较快,而在曲线高端随 P 变化而变化得较慢。由于受导弹武器毁伤机理和杀伤威力的限制,目前,导弹对机场进行摧毁性打击还存在一定困难。因此,实际计算过程中,可以不考虑 $P=1$ 的情况,即构造的曲线不必经过$(1,E)$点,此时,可令曲线为

$$E_d = E(1 - e^{-kp}) \tag{3.2}$$

式中 k——用于根据不同的目标特性调节曲线形状。

基于上述给出的指数曲线,可以将毁伤效果概率值与效能衰减值联系起来,在此基础上,可以得出打击某个子目标后,其作战效能的下降水平(或下降程度)为

$$\frac{E_d}{E} = 1 - e^{-kp} \tag{3.3}$$

从而利用式(3.3),可以很方便地给出可参战飞机数指标、最大飞机起降数指标、打击跑道引起的附带毁伤等指标的计算模型。

3) 可参战飞机数指标的计算模型

可参战飞机数是影响机场目标作战效能的一项重要因素,同时,决定可参战飞机数的两项分指标,即油库的保障能力和弹药库的保障能力,基本上可以看作是彼此独立的。因此,可以采用下式计算可参战飞机数指标的作战效能指数,即

$$E_1 = W_{11}E_{11} + W_{12}E_{12} \tag{3.4}$$

式中 E_{11}——油库保障能力指数;

E_{12}——弹药库保障能力指数;

W_{11}、W_{12}——油库的保障能力、弹药库的保障能力对于可参战飞机数指标的权重系数。计算 W_{11}、W_{12} 可以采用APH法或专家评估法。

利用3.3节提供的毁伤效果指标与效能衰减的关系模型,可以得知,对于油库子目标,其保障能力指数为

$$E_{11} = 1 - e^{-k_1 p_1} \tag{3.5}$$

同理,对于弹药库子目标,其保障能力指数为

$$E_{12} = 1 - e^{-k_2 p_2} \tag{3.6}$$

式中　k_1、k_2——调节曲线形状的系数;

p_1——油库子目标的命中概率;

p_2——弹药库子目标的命中概率。

对于 p_1、p_2 可以采用现有的解析模型进行计算。

4）最大飞机起降数指标的计算模型

机场最大飞机起降数,由跑道支持的最大升降能力和指挥设施所支持的最大升降能力两项指标决定,这两项指标也基本可以看作是相互独立的。因此,采用下式计算最大飞机起降数指数为

$$E_2 = W_{21}E_{21} + W_{22}E_{22} \tag{3.7}$$

式中　E_{21}——跑道所支持的最大升降能力指数;

E_{12}——指挥设施所支持的最大升降能力指数;

W_{21}、W_{22}——跑道所支持的最大升降能力、指挥设施所支持的最大升降能力对于最大飞机起降数指标的权重系数。计算 W_{21}、W_{22} 可以采用 APH 法或专家评估法。

对于跑道子目标,采用对跑道的平均相对毁伤面积指标衡量其所支持的最大升降能力,根据3.3节的毁伤效果指标与效能衰减的关系模型可知,跑道所支持的最大升降能力指数为

$$E_{21} = 1 - e^{-k_3 p_3} \tag{3.8}$$

对于指挥设施,可采用平均相对覆盖面积指标衡量其所支持的最大升降能力,同理,其所支持的最大升降能力指数为

$$E_{22} = 1 - e^{-k_4 p_4} \tag{3.9}$$

式中　k_3、k_4——用于调节曲线形状的系数;

p_3——跑道的平均相对毁伤面积;

p_4——指挥设施的平均相对覆盖面积。

对于 p_3、p_4 可以分别参考现有的仿真模型、解析模型进行计算。

5）打击跑道引起的附带毁伤指标的计算模型

根据2.3节的分析,打击跑道会对飞机掩蔽库、油库、弹药库、停机坪等子目标造成一定的附带毁伤。即打击跑道引起的附带毁伤指标由其下层元素 C_1、C_2、C_3、、C_4决定。显然,这4项指标也基本可以看作是彼此独立的。因此,采用下式计算打击跑道引起的附带毁伤所包含的作战效能指数为

$$E_3 = W_{31}E_{31} + W_{32}E_{32} + W_{33}E_{33} + W_{34}E_{34} \tag{3.10}$$

式中 E_{31}——打击跑道对停机坪造成的附带毁伤的作战效能指数；

E_{32}——对油库造成的附带毁伤的作战效能指数；

E_{33}——对弹药库造成的附带毁伤的作战效能指数；

E_{34}——对飞机掩蔽库造成的附带毁伤的作战效能指数；

W_{31}、W_{32}、W_{33}、W_{34}——这4项指标对于打击跑道引起的附带毁伤指标的权重系数。同样，计算 W_{31}、W_{32}、W_{33}、W_{34} 可以采用APH法或专家评估法。

打击跑道对飞机掩蔽库、油库、弹药库、停机坪等子目标造成的附带毁伤可以分别用平均相对毁伤面积 p_5、命中概率 p_6、命中概率 p_7、平均相对覆盖面积 p_8 等进行衡量。p_5、p_6、p_7、p_8 的计算可以参考有关打击某个子目标对其他子目标造成的附带毁伤的计算方法。

因此，根据3.3节的毁伤效果指标与效能衰减的关系模型可知，打击跑道对停机坪、油库、弹药库、飞机掩蔽库等造成的附带毁伤的作战效能指数分别为

$$E_{31} = 1 - e^{-k_5p_5} \tag{3.11}$$

$$E_{32} = 1 - e^{-k_6p_6} \tag{3.12}$$

$$E_{33} = 1 - e^{-k_7p_7} \tag{3.13}$$

$$E_{34} = 1 - e^{-k_8p_8} \tag{3.14}$$

式中 k_5、k_6、k_7、k_8——用于调节曲线形状的系数，p_5、p_6、p_7、p_8 的含义如上所述。

3.4.2 机场易损性分析

机场跑道一般为混凝土结构，混凝土厚度不超过2m[14]；弹道导弹由于飞行速度快，几乎以垂直角度命中目标，携带侵彻子母式弹头对跑道进行攻击，能够取得较好的侵彻破坏毁伤效果[15]，在一定范围内形成较多弹坑，从而压制机场内战机的起降。

对于机场的诸多子目标而言，跑道作为中、大型战机起降的必要场所，加之是露天设施，最容易遭受打击，是机场目标体系中的易损部件。由上述分析可以看出，封锁机场跑道的作战效能最高。

3.5 导弹封锁机场作战效能准则的选取

3.5.1 作战效能准则选取的意义

导弹打击机场目标，目的是压制对方空中作战能力，协助己方空军夺取制空

权。封锁机场跑道是达成压制或瘫痪对方飞机参战能力的重要手段。那么,在给定武器型号、数量和机场目标信息后,如何对导弹武器完成作战任务的把握程度进行评估;在给定目标信息和一定作战任务的要求后,如何计算完成该任务所需的武器数量;如何对各种打击方案的优劣进行评估,从而对常规火力运用提供可靠的理论依据和切实可行的辅助决策信息[16-17],这些正是导弹作战效能分析理论要解决的问题。进行作战效能评估需要解决的首先问题就是如何选取合理的效能准则[18]。效能准则是指作战效能的评估应该具有的量度单位,又称为效能指标[19],其选取的合理性对作战效能评估的成败具有决定意义,通常可以取对目标攻击后得到的各种损伤特性作为效能准则[20]。对导弹而言,效能准则必须根据目标特性、战斗部毁伤方式和作战意图谨慎选取。目前,在对导弹封锁机场跑道的作战效能进行评估时,主要选取跑道失效率为效能准则(或称为毁伤效果指标)[21]。跑道失效率是指跑道上不存在供飞机升降的最小起飞窗口的概率,具有定义清楚明晰、计算方便等特点[22]。例如,可以根据跑道失效率模型,计算出使用若干枚某型弹封锁某单跑道机场的跑道失效率为0.85。

但是,是否可以据此认为,在不考虑突防及飞行可靠性的情况下,对该跑道发射若干枚导弹就真能保证导弹以85%的概率封锁跑道,并进而认为导弹完成封锁该机场的作战任务的把握程度也达到了85%?不能。实际作战时,必须考虑跑道的可修复性因素。跑道虽被破坏,不能用于升降飞机,却并不意味着它永远不能使用。现代科技使得战损修复十分迅速、高效,在导弹打击下,跑道是可以修复并重新用于升降飞机的;跑道一旦修复,重新投入使用,将会对战争进程产生重大影响。原来用跑道失效率指标计算得出的若干枚弹打击下,跑道能以85%的概率失效。在实战中,经过跑道抢修分队的努力,可能0.5h后,跑道又可重新投入使用。此时,若无后续波次导弹的攻击,将无法完成封锁跑道若干小时的作战任务。跑道失效率指标由于无法反映跑道的可修复性因素,这使得在进行导弹打击机场目标的作战效能评估研究上,选用跑道失效率作为效能指标,具有一定的局限性,不得不从实际作战需求的角度重新考虑选取效能指标。

3.5.2　影响作战效能准则选取的因素

1. 起降能力

我们认为,用跑道失效率衡量导弹对机场的作战效能,定义过于严格。跑道失效是一类0-1事件,它用跑道上是否存在最小起飞窗口作为失效的判据,不存在就是失效、否则就是没有失效。也就是说,在导弹打击之后,不管跑道上存在的弹坑是多是少,只要还存在最小升降窗口,就可以认为跑道升降飞机的能力毫无损伤,真的能够这样判断吗?这恐怕未必与实际作战情况相符。在导弹打击下,弹头撞击跑道过程中所抛出的碎石、弹片等杂物是飞机发动机是有潜在威胁的。因此,即使跑道上还存在最小升降窗口,在道面未清扫干净之前,飞机也未必敢起飞。换言之,如果跑道上不存在最小升降窗口,是否可以认为跑道就彻底失效了呢?同样不能这样简单地下结论,因为跑道抢修分队能够对跑道实现快速抢修。如果抢修分队能够快速抢修一块最小升降窗口,是否就可以认为跑道支持飞机起降的能力就完全恢复正常了呢?也不能。至少其支持飞机起降的速度会受到影响。因此,导弹对机场跑道的毁伤,不能简单地看作完全毁伤或者毫无损伤。我们认为,只要机场跑道中有弹坑存在,就必然对跑道功能的正常发挥构成一定影响,可以用跑道起降飞机的能力对这种影响进行量化分析。

跑道起降能力是指跑道在导弹火力打击之下,能够起降飞机的实际状况,可以用单机起降速度(或单机起降所需时间)表征其起降能力。如果跑道失效,无法起降飞机,可以认为单机起降所需时间为无限长。显然,这一概念比跑道失效率严格的界限,更加符合实际情况。关键在于如何对这种起降能力进行量化。

跑道起降能力可量化为一个[0,1]之间的函数,令跑道遭受导弹打击之前,单机起降速度为 V_0(min/架),遭受打击之后 t 时刻,单机起降速度变为 V_t(min/架),此时起降能力 $C(t)$ 可用二者的比值表达,即

$$C(t) = V_0/V_t \tag{3.15}$$

2. 跑道失效时间

跑道失效时间是指确保跑道上不存在最小起飞窗口的时间。实际作战过程中,由于跑道的可修复并能重新投入使用。因此,跑道失效时间与跑道失效率一样,具有重要的意义[23]。

前面的分析已经指出,跑道失效时间不仅与抢修速度有关,更与抢修策略有关。如果抢修分队的目标首先在于抢修出一个供飞机起降的最小起降窗口,则不会进行全面抢修,只要找出某块弹坑分布最为稀疏的部段进行抢修即可;但是在实际作战过程中,跑道上的弹坑分布信息是很难获知的。因此,只能假设弹坑在跑道上的分布是较为均匀的,可以据此计算出跑道失效时间 T_s。假设一个弹坑的平均修复时间为 T_0,跑道长 L_xm、宽 L_ym,最小起降窗口长 $L_{\min}$m、宽 $B_{\min}$m,某次打击后,跑道上的弹坑数为 N。由于弹坑是均匀分布的,故分布在长 $L_{\min}$m、宽 $B_{\min}$m 最小起降窗口内的弹坑数 N_0 与弹坑总数 N,存在关系式

$$\frac{L_{\min} \cdot B_{\min}}{L_x \cdot L_y} = \frac{N_0}{N} \tag{3.16}$$

故 $N_0 = \dfrac{L_{\min} \cdot B_{\min}}{L_x \cdot L_y}N$,则跑道失效时间为

$$T_s = N_0 \cdot T_0 \tag{3.17}$$

3. 跑道修复时间

跑道修复时间是指将跑道上的弹坑全部修好所需的时间。

影响跑道修复时间的因素众多,它与被打击机场的修复能力、指挥系统的效率、跑道的破坏状况、人员伤亡及装备损失情况等因素有关,而且上述因素不确定性很大,诸多因素难以量化。因此,对其进行量化时,需要抓住对跑道修复影响最大且易于计算的指标。由于影响飞机在跑道上滑行的主要障碍及修复的主要对象是弹坑,因此,跑道上弹坑数量的多少是影响跑道修复时间长短的主要因素[24],弹坑越多,进行修复需要的时间就越长,从而跑道修复的时间也越长。因此,用跑道上弹坑数量的多少可以间接地反应跑道修复时间的长短。跑道修复时间 T_x 的计算方法:统计跑道命中子弹数 N、给出弹坑平均修复时间 T_0,即

$$T_x = N \cdot T_0 \tag{3.18}$$

4. 封锁强度

对机场的封锁强度就是要求封锁的程度,可以用它衡量跑道遭受导弹打击后,机场起降能力受损的程度,封锁强度越大,起降能力越低。某时刻 t 封锁强度为 Q,起降能力为 C,则二者的关系为 $Q=f(C)$。最理想的封锁强度是对机场进行 100% 的封锁,使之在规定的时限内不能起降任何飞机。但是,从可能性、经济性和必要性考虑,不一定需要进行 100% 封锁。由于一个机场所担负的作战任务不是一两架飞机所能完成的。因此,只要进行部分封锁,就会大大削弱机场的效能和飞行部队的战斗力;如果考虑到这种封锁造成的指挥、后勤、秩序,乃至心理等方面的破坏作用,部分封锁是十分有效的。

封锁强度与落入跑道的子弹的密集度、弹坑分布的均匀程度和抢修能力有关,由于跑道失效率指标能够很好地体现落入跑道中子弹密度和均匀度与跑道失效间的关系,故考虑将跑道失效率 P_s 转化为跑道封锁强度。

封锁强度量化的原则如下。

(1) 封锁强度是一个随时间的延长而不断减少的[0,1]之间的函数。

(2) 没有开始修复弹坑时,封锁强度等于跑道失效率 P_s,弹坑全部修复时,封锁强度为 0。

(3) 封锁强度在初值给定之后,其后的变化值唯一由抢修因素确定。抢修因素包括抢修策略和抢修速度。

下面分情况讨论封锁强度的函数形式。

(1) 全面抢修。具体从何处开始抢修具有较大随机性,可以认为封锁强度的变化率与弹坑的变化率线性相关,则有

$$\frac{dQ(t)}{dt} = k_1 \frac{dN(t)}{dt} \tag{3.19}$$

由于跑道修复时间 t 与跑道上弹坑数 $N(t)$ 和平均弹坑修复时间 $T_0(t)$ 存在关系式

$$t = N(t) \cdot T_0(t)$$

上式两端对时间 t 求导数,有

$$\mathrm{d}t = N(t) \cdot \mathrm{d}T_0(t) + T_0(t) \cdot \mathrm{d}N(t) \tag{3.20}$$

经整理可得

$$\frac{\mathrm{d}N(t)}{\mathrm{d}t} = \frac{1}{T_0(t)} - \frac{N(t) \cdot \mathrm{d}T_0(t)}{T_0(t) \cdot \mathrm{d}t} \tag{3.21}$$

如果 $T_0(t)$ 为一个恒量,式(3.21)变为

$$\frac{\mathrm{d}N(t)}{\mathrm{d}t} = \frac{1}{T_0} \tag{3.22}$$

将式(3.22)代入式$\frac{\mathrm{d}Q(t)}{\mathrm{d}t} = k_1 \frac{\mathrm{d}N(t)}{\mathrm{d}t}$中并积分可得

$$Q(t) = \frac{k_1}{T_0}t + c_1 \tag{3.23}$$

将$\begin{cases} t = 0 \\ Q = P_s \end{cases}$和$\begin{cases} t = T_x = N \cdot T_0 \\ Q = 0 \end{cases}$代入式(3.23)中,确定 k_1、c_1 值为

$$\begin{cases} k_1 = -P_s/N \\ c_1 = P_s \end{cases}$$

故全面抢修时封锁强度函数为

$$Q(t) = \frac{-P_s}{N \cdot T_0}t + P_s \quad (0 \leqslant t \leqslant T_x) \tag{3.24}$$

(2) 重点抢修。重点抢修首先在于确保清理出一块能满足飞机紧急起降的最小起飞窗口。在这种策略下,由于跑道最小起飞窗口的出现,使得封锁强度的变化率与弹坑的变化率两者关系非常复杂,不再是线性关系。我们认为,在出现第一个最小起飞窗口时,封锁强度的下降率应该是最陡峭的,以后第二、第三……多个起飞窗口出现时,对封锁强度的影响依次减少。这里提出一种用拟合手段求取封锁强度函数的方法,关键是要能获知跑道无损伤、有一个最小起降窗口、有两个最小起降窗口等情况下机场跑道的单机起降速度。

设落入跑道的子弹数目为 N,平均抢修弹坑时间为 T_0,正常情况下,单机起降速度为 V_0,存在一个最小起降窗口时单机起降速度为 V_1,存在两个最小起降窗口时,单机起降速度为 V_2。按跑道起降能力的计算方法,计算各类最小起降窗口存在时的跑道起降能力,$C_1 = \frac{V_1}{V_0}$,$C_2 = \frac{V_2}{V_0}$。转化为相应的跑道封锁强度,即

$$Q(t=T_s)=f(C_1),Q(2T_s)=f(C_2)$$

令封锁强度函数为一条指数函数,形式为

$$Q(t)=\begin{cases}P_s & (t=0)\\ P_s-\alpha\exp(-\beta t) & (0\leqslant t\leqslant T_x)\\ 0 & (t=T_x)\end{cases} \tag{3.25}$$

将有关数据代入式(3.25)确定α、β值。

5. 封锁时限

在作战期间内,跑道被破坏后,立即便会得到修复,只不过根据破坏范围和程度使修复时间长短不同而已。所以,封锁机场必须规定封锁时限。在此时限中,应采用不同的火力运用方法进行射击任务的区分和突击时间区分,以达到在规定时间内封锁机场的作战目的。

6. 封锁效率

封锁效率是指经过某一个火力打击过程,在特定时间条件下,机场的实际封锁效果,用封锁强度在某个时间段内的时间平均表征它[25],如图3.3所示。

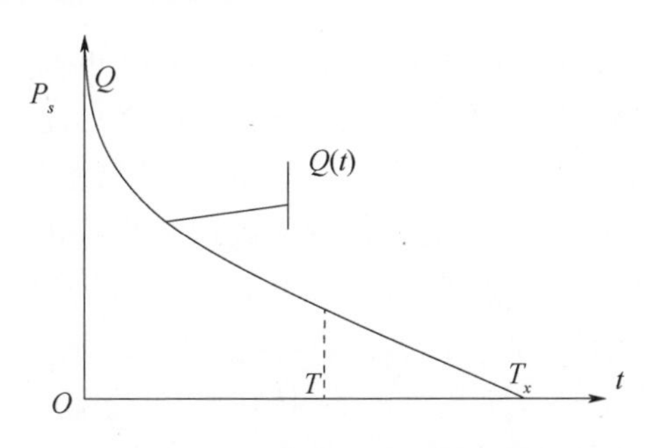

图3.3　封锁强度与时间曲线图

封锁效率的计算公式为

$$P=\frac{\int_0^T Q(t)\,\mathrm{d}t}{T} \tag{3.26}$$

式中　$Q(t)$——封锁强度,当$0\leqslant t\leqslant T_x$时,按封锁强度公式计算;否则,$Q(t)=0$。

7. 弹坑积累效应

弹坑积累效应是指在多波次导弹攻击下,上一波次遗留下来的弹坑对下一波次攻击的影响。如果波次间隔时间越短,跑道抢修分队所能修复的弹坑就越少,未修复的弹坑则越多,对下一波次攻击的影响自然越大。这种积累效应应如何量化呢?这取决于下一波次的打击策略。如果能够对目标进行实时侦察,只要对已经抢修的地段进行补充打击即可维持对跑道的封锁,但就现有的科技水平而言,是很难做到这一点的。因此,目标区的抢修信息,即跑道抢修分队具体在哪些地段抢修是不清楚的,下一波次的打击策略只能是使导弹火力重新覆盖整个目标区(跑道),但在计算跑道失效率时,得把上一波次遗留下来的弹坑考虑进去。由于落入跑道的子弹数与跑道失效率有对应关系(可以通过大量统计得出),而在得知跑道抢修分队的抢修能力(如平均单坑抢修时间)后,是可以推算出两波次时间段内抢修的弹坑数的,因此可以用上一波次遗留下来的弹坑数与下一波次新落入跑道的子弹数之和。根据跑道失效率与弹坑间的对应关系,推导下一波次的跑道失效率。令上一波次落入跑道的子弹数为 N_1,跑道抢修分队的平均单坑抢修速度为 m min/坑,波次间隔时间为 n min,下一波次落入跑道的子弹数为 N_2,则经过后一波次导弹攻击后,跑道上的弹坑为 $N_2 = N_1 - \left[\frac{n}{m}\right] + N_2$。再根据失效率与落入子弹间的对应关系 $P \leftrightarrow N$,用插值内推法得到相应的失效率。

3.5.3 效能指标方案

根据导弹武器的性能并考虑机场的抢修能力,很可能要求在数小时之内完全封锁跑道是较为困难的,即不太可能确保数小时之内跑道上一直不存在最小起飞窗口。因此,对机场的封锁效能进行评估时,与其使用失效率指标,不如用封锁效率作为效能指标,该指标更能体现多波次导弹打击下机场跑道的实际封锁程度。按是否保留跑道失效率的定义,提出两套效能指标方案。

方案一:考虑了跑道失效时间的改进的跑道失效率指标。

用跑道失效率指标计算机场跑道的封锁效能是当前应用得较为广泛和成熟的一种方法,其主要缺陷在于没有考虑跑道的可修复因素。针对跑道失效率指标存在的缺陷,提出一种改进的效能指标方案。该方法在跑道失效率的基础上,考虑了跑道可修复因素,在思路上简单清楚,便于计算。其思想是:跑道失效率的定义仍然不变;引入跑道失效时间,其定义和具体计算方法已在前文的分析中给出了;将跑道失效率转化为跑道封锁强度,在跑道失效时间内,封锁强度等于跑道失效率,否则,封锁强度为 0;取封锁强度的时间平均(封锁效率)为效能指标。

具体步骤如下。

(1) 计算一定弹量打击之下的跑道失效率。其具体方法按跑道失效率模型进行计算。

(2) 计算作战要求封锁时间段内的封锁效率,并以封锁效率作为封锁机场跑道的效能指标。

如果各波次的跑道失效时间分别为 $T_{si}(i=1,2,\cdots,K)$，各波次的跑道失效率分别为 $P_{s1},P_{s2},\cdots,P_{sK}$，则各波次跑道封锁强度为

$$\begin{cases} Q_i(t) = P_{si} & (t \leqslant T_{si}) \\ Q_i(t) = 0 & (t > T_{si}) \end{cases}$$

跑道封锁效率为

$$P = \frac{\sum_{i=1}^{K} \int_0^{T_{si}} Q_i(t)\mathrm{d}t}{T} = \frac{\sum_{i=1}^{K} P_{si} \cdot T_{si}}{T} \tag{3.27}$$

式中　T——作战任务要求下的封锁时间。

(3) 可根据作战任务要求的封锁时间和跑道失效时间，计算发射波次。

如果跑道失效时间为一定值，令为 T_s，则发射波次为

$$K = \left[\frac{T}{T_s}\right]$$

式中　$[x]$——对数 x 取整。

方案二：基于不同抢修策略的效能指标方案。

方案一通过引入跑道失效时间，虽然进一步完善了跑道失效率指标，但跑道失效定义过于严格的缺陷依然存在，通过方案一评估得出的结果偏于保守，因此，考虑放宽跑道失效的定义，即用跑道起降能力的变化情况表征目标的毁伤程度。该方案的认为，只要跑道上存在弹坑，就必然对跑道功能的正常发挥构成一定影响，用封锁强度对这种影响进行量化；抢修策略分为全面抢修和重点抢修，抢修方式不同，封锁强度函数的形式不同；用封锁效率为效能指标。

具体步骤如下。

(1) 计算一定弹量打击之下的跑道失效率。其具体方法按跑道失效率模型进行计算。

(2) 根据各波次内落入跑道的子弹数目和平均弹坑抢修时间，计算相应的跑道修复时间。

令各波次跑道失效率分别为 $P_{s1},P_{s2},\cdots,P_{sL}$；弹坑数目分别为 $N_1,N_2,\cdots,N_L$；各波次间隔时间为 $T_1,T_2,\cdots,T_{L-1}$；平均弹坑抢修时间为 $T_{01},T_{02},\cdots,T_{0L}$，则各波次打击后跑道相应修复时间 $T_{x1},T_{x2},\cdots,T_{xL}$ 可表示为

$$T_{xi} = N_i \cdot T_{0i} \quad (i=1,2,\cdots,L)$$

(3) 计算各波次打击下，相应的封锁强度。按不同抢修策略进行计算，具体方法见前面的介绍。

(4)计算作战要求封锁时间段内的封锁效率，并以封锁效率作为封锁机场跑道的效能指标，即

$$P = \frac{\sum_{i=1}^{L} P_i \cdot T_i}{T} = \frac{\sum_{i=1}^{L} \int_0^{T_1} Q_1(t)\mathrm{d}t \cdot T_i}{T}$$

其中

$$T_L = T - \sum_{i=1}^{L-1} T_i \tag{3.28}$$

3.5.4 实例

为了验证所提效能指标的实用性及正确性,下面用实例进行验证分析。值得注意的是,本书中导弹武器的所有数据均作了去密化处理,仅为验证效能指标之用。

假设某单跑道机场的目标信息如下。

目标参数:跑道长2200m、宽45m;最小起降窗口长800m、宽20m。

平均弹坑抢修时间 $T_0 = 3\mathrm{min}$。

今使用某型侵彻子母弹对其进行打击,武器参数如下。

武器参数: CEP为150m;子弹数为40枚;抛散半径为200m,圆散布;平均弹坑半径为1m。

(1) 给定作战任务和打击方案,评估其完成任务的把握程度。

① 作战任务和打击方案。

作战任务:假设封锁时限 $T = 2\mathrm{h}$。

打击方案:3个波次,每波次分别发射6枚、4枚、3枚导弹,各波次间隔0.5h。

② 评估其完成任务的把握程度。

按跑道失效模型(不考虑突防及飞行可靠性因素)编程计算,模拟1000次的结果,如表3.2所列。

表3.2 各波次相应失效率及落入跑道的子弹数

波次	弹量/枚	失效率	落入跑道的子弹数/枚
1	6	$P_{s1} = 0.65$	$N_1 = 27$
2	4	$P_{s2} = 0.40$	$N_2 = 18$
3	3	$P_{s3} = 0.23$	$N_3 = 15$

按第二种效能准则方案进行评估,假定抢修策略为全面抢修。令各波次打击后跑道封锁强度为 $Q_i(t)(i=1,2,3)$,各波次相应封锁效率为 P_i,则

$$P_i = \frac{\int_0^{T_i} Q_i(t)\mathrm{d}t}{T_i} = \frac{\int_0^{T_i}\left(\frac{-P_{si}}{N_i \cdot T_0}t + P_{si}\right)\mathrm{d}t}{T_i} \tag{3.29}$$

其中

$$T_1 = T_2 = 30\text{min}, T_3 = 60\text{min}$$

将表3.2中的数据转换为相应波次下的弹坑数，并按照弹坑与跑道失效率之间的对应关系，获得相应失效率，即

$$P_{s1} = 0.65, N_1 = 27$$

$$N_2 = 27 - \left[\frac{30}{3}\right] + 18 = 35, P_{s2} = 0.76$$

$$N_3 = 35 - \left[\frac{30}{3}\right] + 15 = 40, P_{s3} = 0.84$$

$$P_1 = 0.53, P_2 = 0.65, P_3 = 0.63$$

$$P = \frac{\sum_{i=1}^{L} P_i \cdot T_i}{T} = 0.60$$

故可以认为该打击方案下完成封锁该跑道的把握程度为0.60。

按第一种效能准则方案进行评估，如果不考虑弹坑积累效应，各波次的跑道失效分别为0.65、0.40、0.23，各波次失效时间分别为13.2min、8.7min、7.2min，相对于作战要求的2h封锁时限而言，其封锁效率为0.1143，即可认为完成任务的把握程度为0.1143。考虑弹坑积累效应，各波次跑道失效率分别为0.65、0.76、0.84，各波次封锁时间分别为13.2min、16.8min、19.5min，封锁效率为0.3144。

(2) 在给定目标信息和一定作战任务的要求后，如何计算完成该任务所需的武器数量和波次。

① 作战任务。

假设作战任务：以80%的概率封锁该机场2h。

② 确定所需武器数量并确定发射波次。

该问题难以用解析法求出最优解，一般用迭代法求解。

按第一种效能准则方案，不考虑弹坑积累效应，计算出的结果：当一个波次发射8枚子母弹时，跑道失效率为0.84，有40枚子弹落入跑道中，故 $T_s = 19.5 \approx 20\text{min}$，因此发射波次为 $\left[\frac{120}{20}\right] = 6$；波次间隔时间为20min；武器总数为 $6 \times 8 = 48$ 枚，总的跑道失效率为0.84。考虑弹坑积累效应时，发射波次仍为 $\left[\frac{120}{20}\right] = 6$；波次间隔时间为20min；每次用弹量分别为8、2、2、2、2、2，共发射18枚子母弹。

根据第二种效能准则方案，假设抢修策略为全面抢修，用迭代法计算得到的以下结果都能满足要求。

a. 二波次打击方案,每波次间隔时间为60min,发射弹量分别为12枚、6枚。

b. 三波次方案,间隔时间为40min,发射弹量分别为10枚、4枚、4枚。

c. 三波次方案,间隔时间为40min,发射弹量分别为12枚、3枚、3枚。

(3) 评估作战方案。

评估作战方案如下。

① 单波次打击方案,发射弹量为18枚。

② 二波次打击方案,每波次间隔时间为60min,发射弹量分别为12枚、6枚。

③ 三波次打击方案,间隔时间为40min,发射弹量分别为12枚、3枚、3枚。

④ 三波次打击方案,间隔时间为40min,发射弹量分别为10枚、4枚、4枚。

⑤ 四波次打击方案,间隔时间为30min,发射弹量分别为8枚、4枚、3枚、3枚。

根据效能指标方案二,抢修策略为全面抢修,经计算得到方案①封锁效率为0.74,方案②封锁效率为0.82,方案③封锁效率为0.87,方案④封锁效率为0.82,方案⑤封锁效率为0.77。可见,在相同弹量的情况下,方案③的作战效能最佳,应为最优打击方案。

综上所述,可以得到如下观点。

(1) 两套效能指标方案都考虑了机场的可修复因素,比单纯的跑道失效率指标更加符合作战实际情况,更能适应作战效能评估的实际需要,应用该指标可以对各种打击方案的作战效能进行评估。

(2) 两套效能指标方案各有特点。

效能指标方案一:在跑道失效率原有定义的基础上,引入跑道失效时间,最大限度地保留了跑道失效率的特点,具有计算简单、思路清楚等特点。其缺陷在于跑道失效率的界限过于严格,按该指标得出的评估结果可能较为保守。

效能指标方案二:更多地考虑了一定弹坑的存在(即使跑道上仍存在最小起飞窗口)对跑道起降能力的影响,更符合实际情况,应用的条件也比方案一要宽。其中,按全面抢修策略求取封锁强度函数计算较为方便,但其所得到的效能评估结果可能偏于乐观;按重点抢修策略计算出来的封锁效率最为可信,最接近客观实际情况,但由于实战过程中某些信息的随机性和模糊性很强,存在着封锁强度函数不好确定的问题,其实际操作性反而不如前者。

(3) 具体使用哪套效能指标方案取决于信息的完备程度,所获得机场目标的信息越充分,越能构建准确的封锁强度函数,评估结果的可靠性及精度也越高。

(4) 弹坑积累效应是一个值得深入研究的问题,尤其是在多波次打击时,对封锁效率的计算及波次间隔时间的确定上影响重大。

参考文献

[1] 蔡良才.机场规划设计[M].北京:解放军出版社,2002.

[2] 刘学军,徐光.联合火力打击目标毁伤指标分析[J].火力与指挥控制,2004,29(5):38-40.

[3] 王运吉,陈永胜.机场目标打击方法优化研究[J].火力与指挥控制,2003,28(5):64-65.

[4] 杨云斌,李小笠.机场跑道目标易损性分析方法研究[J].弹箭与制导学报,2010,30(2):141-144.

[5] PRZMIENIECKI J S. Introduction to Mathematical Methods in Defence Analyses[M]. Reston:AIAA,1994.

[6] 李廷杰,导弹武器系统的效能及其分析[M].北京:国防工业出版社,2000.

[7] 程云门.评定射击效率原理[M].北京:解放军出版社,1986.

[8] 陈永江,等.地地战役战术导弹射击理论[M].北京:解放军出版社,2003.

[9] 文仲辉.战术导弹系统分析[M].北京:国防工业出版社,2000.

[10] 李新其,王明海.系统目标毁伤效果计算与评估问题研究[J].兵工学报,2008,29(1):57-62.

[11] 李新其,王明海.子母弹对舰载机作战保障系统毁伤计算分析方法[J].弹道学报,2008,20(3):59-63.

[12] 李新其,谭守林.子母弹对航空母舰的毁伤效果分析(1)[J].战术导弹技术,2006(12):1-5.

[13] 李新其,谭守林.子母弹对航空母舰的毁伤效果分析(2)[J].战术导弹技术,2007(2):5-9.

[14] 关成启,杨涤,关世义.地面目标特性分析[J].战术导弹技术,2002(5):21-25.

[15] 隋树元,王树山.终点效应学[M].北京:国防工业出版社,2000.

[16] 程开甲,李元正,等.国防系统分析方法(下册)[M].北京:国防工业出版社,2003.

[17] 关成启,杨涤,关世义.导弹武器系统效能评估方法研究[J].系统工程与电子技术,2000,22(7):32-36.

[18] 高晓光.作战效能分析的基本问题[J].火力与指挥控制,1998,23(1):74-76.

[19] 张廷良,陈立新.地地弹道式战术导弹效能分析[M].北京:国防工业出版社.2001.

[20] 李新其,王明海.常规导弹封锁机场跑道效能准则问题研究[J].指挥控制与仿真,2007(04):77-81.

[21] 石喜林,谭俊峰.飞机跑道失效率计算的统计试验法[J].火力与指挥控制,2000,25(1):56-59.

[22] 舒健生,陈永胜.对现有跑道失效率模拟模型的改进[J].火力与指挥控制,2004,29(2):99-102.

[23] 王志军,瑞臣.反机场武器对跑道的空间与时间封锁效果分析[J].华北工学院学院,2001,22(3):165-169.

[24] 杨云斌,钱立明,屈明.反跑道集束战斗部毁伤概率研究[J].计算机仿真,2003,28(5):12-15.

[25] 汪荣鑫.随机过程[M].西安:西安交通大学出版社,1989:55-56.

第4章　封锁机场作战效能分析的框架结构与系统建模

从本章开始，将运用SEA方法开展对封锁机场的作战行动进行系统效能评估建模分析。本章结合常规导弹封锁机场跑道作战运用特点和使命任务，阐述运用SEA方法进行封锁机场效能评估的步骤思路；构建了基于SEA方法的常规导弹封锁机场跑道作战效能分析的框架结构和作战效能分析的解析模型，从理论层面论证了常规导弹封锁机场作战效能评估的科学性和完备性。

4.1　导弹封锁机场作战效能分析的特点

效能分析评估的特点往往就是该问题的难点。结合机场封锁的情况分析，其效能评估的难点可概括为4个方面：一是需要考虑的因素众多；二是性能指标的多维性；三是实际环境的高对抗性；四是封锁效果的不确定性。

4.1.1　封锁效能评估需要考虑的因素

目前，研究武器系统的作战效能，一般都采用美国工业界武器系统咨询委员会(WSEIAC)为美国空军建立的效能概念和框架，即武器系统的效能是指在规定的条件和规定的时间内，武器系统完成给定作战任务的能力，可以用完成规定任务的把握程度对这种能力进行量度[1]。武器系统作战效能可以用“可信性”“可用性”“作战能力”共同描述，其中“可信性”“可用性”共同构成系统的“有效性”指标。

从这个角度来看，评估导弹封锁机场的作战效能，需要考虑的因素众多。图4.1是利用层次分析法建立的导弹武器系统作战效能分析结构图。

效能评估的目的，从来不是要事无巨细，对所有因素都进行评估，而是要抓住主要因素、主要行动进行评估。从这个意义上讲，我们需要对一些不那么重要的因素进行必要的舍弃。

(1) 有效性指标当成武器固有因素处理。有效性指标包含了武器系统的可用性和可靠性，由于导弹打击机场目标，其作战地域一般配置在二线以外区域，受到直接火力毁伤的威胁较小，故在分析导弹武器系统的“发射可靠性”时，只粗略考虑发射前的战备完好性,因为可靠性指标是在武器生产制造出来之后就已经给定的,是武器的固有因子[2],故战备完好性指标可主要通过武器系统的各类可靠性战技指标推算出来。

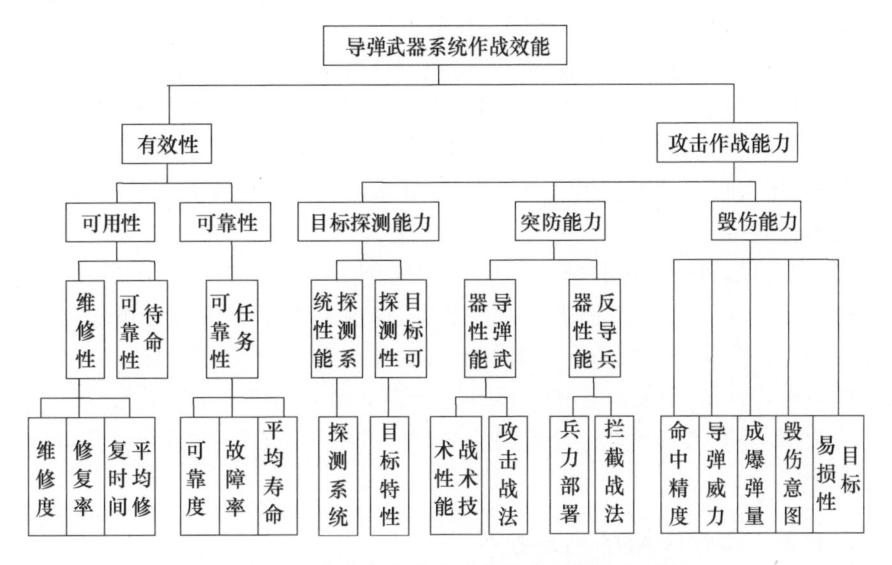

图 4.1　导弹武器系统作战效能分析结构图

(2) 简化对目标侦察能力的考虑。机场目标是固定目标,跑道特征明显,且由于要经常使用,很难实施伪装,故机场容易被侦察。对于固定目标,考虑到导弹火力打击之前,所需要的信息可能往往就已经获取,故不需要过多考虑对机场目标的侦测能力。

(3) 效能评估应突出突防能力的考虑。突防能力是一个很重要的指标,突防能力是指在突防过程中,导弹在飞越敌防御设施群体、遭受敌方抗击之后仍能保持其预期功能的能力,其量度指标是突防概率[3]。由于导弹的最终作战能力往往体现在突防过程之中,只有突防成功之后,才谈得上对目标的毁伤;因此,突防能力是讨论其他效能指标的基础和前提,离开突防能力而追求其他效能指标,作战效能研究也就失去了意义[4]。

(4) 要把握住毁伤能力这个评估的重点。武器的精度、威力、弹型、发射弹量、打击目标的选择、打击的程度及瞄准点的选取,这些因素都会对目标打击效果产生直接影响,应是作战效能评估的重点。

4.1.2　性能指标的多维性

从事过效能评估分析的研究人员都知道,单一指标的效能评估问题,在评估模型的选择上，往往有更大的自由度；多指标的评估问题，尤其是在各指标的相关性很强时，再采取诸如模糊综合评判法、AHP法、灰色聚类分析法等主观性较强的建模方法就不那么合适了。所以，相关性很强的多指标评估问题，往往是比较困难的。评估机场封锁效能问题，就面临这样的情况。

对机场跑道实施打击封锁，就其意图来看，就是希望机场跑道在遭到破坏之后，在一段时间内，跑道上找不到一块可以供飞机起飞、降落滑行所需要的最小升降窗口。这个意图实际包含了两重含义，即封锁跑道不仅是封锁飞机起降的空间，而且还有很强的时间概念，应从时间和空间两个维度综合评价对机场跑道的打击封锁效果[5]。

导弹对机场跑道的毁伤能力，以前一直是使用跑道失效率(DPR)作为毁伤效果的计算指标[6]。DPR是指导弹打击后，跑道上不存在可供飞机起飞、降落滑行的最小升降窗口的概率。DPR指标实际上只是一个空间指标，是没有考虑跑道的可维修性的，具有一定的局限性。故要准确描述机场封锁效果，不仅要用跑道失效率，还要考虑增加一个跑道失效时间的指标；这两个指标又有很强的相关性。

4.1.3 实际环境的高对抗性

在实际封锁与反封锁的对抗过程中，封锁跑道与抢修跑道是针锋相对的一对矛盾，体现了极高的对抗性。

1. 机场打击方力图最大限度的延长跑道失效的时间

在前面的分析中已经指出，封锁机场跑道，是在跑道上产生一系列弹坑，破坏飞机起降所需要的最小起降带，从而在一定时间内阻止飞机起降。导弹从几百甚至上千千米的距离发起防区外打击，受武器精度的限制，其命中精度毕竟有限，为弥补命中精度的不足，往往采用较大范围抛撒的方式破坏跑道，已经发展了多种封锁手段。

(1) 利用侵彻子母弹战斗，对跑道进行破坏并形成弹坑。利用母弹携带子弹在跑道上空大范围抛撒破坏跑道，是较早时期的封锁手段。参考文献[7]指出，射程800km的导弹武器，如果CEP取150~200m，子弹数用100~260枚试算，一枚侵彻子弹形成的弹坑约为4.0m×2.0m，其杀伤面积约200m^2，考虑跑道是长二三千米、宽40~80m的长条状目标，根据《评定射击效率原理》中对线目标毁伤的计算公式[8]，可以算出约80枚子弹可落入跑道；参考文献[9]模拟仿真结果，当最小起降窗口取640m×15m时，封锁3000m长度的单条跑道，4枚、5枚弹可达60%以上的封锁概率。可见，如果不考虑机场抢修力量的跑道修复能力，侵彻子母弹的封锁概率还是不错的；但机场抢修力量利用现代工程机械能在

1h 内迅速修复被破坏的跑道[7]。

（2）大范围散布多模型弹药封锁跑道。通过抛撒大量子弹到机场跑道及其附近区域，采用随机延时起爆、感应起爆、声学起爆等多模式引信起爆方式，以预制、半预制破片对目标进行毁伤[7]。参考文献[7]指出，这种类型的子弹破片的杀伤范围超过了30m，形成一个较大幅员的封锁面积，可对其落点附近的飞机、人员和器材等目标构成极大的威胁，同时，也给对方探测、排除未爆弹以及清理、修复跑道等工作形成障碍，从而有效迟滞抢修速度、延长跑道封锁时间。

（3）混合使用侵彻和延时子母弹。这种打击方式下，即使是侵彻子母弹中出现了哑弹，由于与延时子母弹混合使用，机场抢修力量是无法判断未爆弹到底是哑弹还是延时弹，会迫使对方在抢修之前必须首先排除未爆弹。

2. 机场抢修方力图以最短的时间修复跑道

当导弹对机场弹实施攻击后，其维持封锁状态的时间取决于对方反封锁的能力。在机场破坏后，配置在机场上的抢修力量必须要在最短的时间内完成抢修工作，恢复机场的运行能力。其首要目标是在被破坏的飞行场区内确定出一块可满足飞机短期飞行使用要求的最小起降带MOS。快速抢修机场跑道有3个策略：一是修理最少数量的坑，即选择抢修工程量最小的MOS进行抢修；二是修理平均数量的坑，主要靠抢修人员的经验来确定MOS；三是修理出最易达的路径，即修理该路径所有弹坑。

机场跑道快速修复或反封锁，一般包括以下4个部分的内容：一是对机场跑道损毁情况进行快速判定；二是快速确定应急跑道修复方案；三是排弹分队在确定的修复区域及其周围一定距离内排除封锁目标子弹；四是跑道抢修分队迅速填补弹坑和修复跑道。以上4个环节所用时间之和，即为MOS抢修成功所需要的时间，亦即反封锁的时间。

4.1.4　封锁效果的不确定性

对机场封锁效果进行效能评估，其不确定性表现在攻防两个方面具有不确定性。

1. 打击效果具有不确定性

打击效果的不确定性突出表现在以下几方面。

（1）突防效果的不确定性。在打击方案确定下来之后，每枚弹对应的打击瞄准点是计算好了的，导弹发射之后，机场附近的防空反导力量会对来袭导弹进行拦截，可能会造成相邻瞄准点上的几枚弹，或准备在同一瞄准点上成爆的导弹正好全部被拦截，这样就会使该波次导弹火力分段切割封锁跑道的打击失效。

（2）子弹散布的不均匀性。母弹在机场上空解爆后将子弹抛撒侵彻进入跑道周围,在跑道上形成的弹坑(含未爆弹)往往不会是均匀的。这是因为子弹的落点虽然在总体上呈现圆环或椭圆环状分布,但母弹弹着点本身是有精度误差的,子弹落入条状的跑道区内具有很大的随机性,未必会均匀散布在道面上。这一方面会影响跑道失效率计算结果的准确性,另一方面会对封锁时间产生较大的不确定性。例如,同样是成功封锁跑道了,但如果出现某处MOS只有一个弹坑,其修复所用时间肯定比平均散布下每处约3个弹坑要少得多。

2. 修复时间具有不确定

对机场弹实施攻击后,其维持封锁状态的时间取决于对方反封锁的能力,跑道修复时间其实是跑道失效时间的另一种表述。

站在打击方的角度,要计算跑道的修复时间,除了道面上子弹分布的不均匀引起的修复时间不确定之外,还有以下因素是难以确定的。

首先是排弹和抢修力量的配置很难确定。决定抢修速度的,除了抢修装备的先进性、装备本身的数量外,最重要的就是力量的多寡了。一个机场配置的抢修器材和人员数量不同,会直接影响单位时间内可以最多同时修复弹坑的数量,显然,一个机场上配置2支排弹分队和3支抢修分队,在抢修速度上肯定要比只配置了1支排弹分队和1支抢修分队要快。但在实际对抗环境下,这些信息是很难准确掌握的。

其次是各个抢修环节的作业耗时,也是难以精确计算的。机场遭受打击后,首先需要查清受袭击的情况,需要时间;情况查清后,需要判断和评估未爆弹的类型、确定引爆方式,并估算各弹坑抢修的工程量,同样需要时间;选择MOS并确定排爆抢修方案,也需要时间;排爆作业和抢修弹坑都需要时间。这些作业环节所耗时间受人员素质、装备技术影响,应当服从某种分布规律,但对于打击方来说,不太可能掌握这些作业环节所耗时间的分布规律信息,只能取一种概略的平均值。

3. 抢修决策具有一定的不确定

这主要是由于最小起降带MOS选择的自动搜索,目前还没有完全解决。针对最小起降带的选择问题,目前,美国空军采用的是专门开发的地理空间远征规划工具(GeoSpatial Expeditionary Planning Tool,GeoExPT)软件系统,该系统是一个能够自动为工程师提供解决方案的规划流程工具,具有包含确定最小起降带在内的多种机场规划功能,如飞机停放方案、战损评估、道面标识系统、修复质量标准工作表、协作门户及三维可视化、军事分析集成、先进的布局工具、规划向导等功能。国内对于MOS选取研究方面,虽进行了比较深入的理论研究[10-12],但在实际软件开发上却还没有形成工程化的应用[13]。

4.2　导弹封锁机场跑道作战问题描述

导弹打击机场,主要通过破坏机场跑道、阻止战机起降为夺取制空权创造有利条件。受导弹武器制导精度的限制,当前,主要使用侵彻子母式战斗部,在跑道上空解爆,大范围地抛撒子弹,以弥补射击精度的不足。子弹命中并成功侵彻跑道后,会在跑道上形成弹坑,当道面上的弹坑足够多时,整条跑道上不存在供飞机起降的最小起降窗口时,就认为跑道暂时丧失了保障飞机起降的功能。

为了防御导弹对机场的攻击,蓝军主要的对抗手段有两种:一是在机场周围部署反导兵器,对进攻的导弹进行拦截;二是配置一定的快速抢修力量,实现战时对受损跑道的快速修复。因此,导弹封锁机场跑道可归结为两类问题,即突防问题和跑道修复问题。其中前者直接影响发射弹量和成爆弹量间的对应关系,对跑道失效率的计算结果影响显著;后者主要研究跑道修复因素对跑道封镜效率(主要指跑道封锁时间)的影响,其模型的合理性直接影响作战效能指标选取,决定封锁任务的成败。二者是分析导弹封锁机场的作战效能时,必须要重点予以关注的问题。

4.2.1　导弹攻防对抗环境描述

由于跑道的长度远大于最小起降窗口的长度,要完成对跑道的封锁,通常需要根据最小起降窗口长度,将跑道进行分段“切割”;为此,需要确定多个瞄准点,发射多枚导弹才有可能封锁跑道。受导弹武器自身发射成功率、飞行可靠性及反导拦截等因素的影响,导弹发射后,不一定都能命中目标并成功爆炸。影响成爆弹量的因素,以反导武器的拦截能力最为显著[14]。本文将导弹与反导武器攻防对抗的环境描述如下。

(1)不同型号反导武器系统对不同型号的弹道导弹的拦截能力是不相同的,但具体对于同型号反导系统中的每枚导弹而言,对相同类型来袭导弹的拦截概率则是相同,令其为 P_{yx}。

(2)导弹武器为提高突防概率,对同一机场目标采用饱和攻击战法[15],设每次齐射的导弹枚数为 x_a。x_a 与导弹齐射能力(指每次最大齐射枚数)、对方反导能力等因素有关,一般地,每次齐射导弹枚数要大于对方反导系统最大可发射导弹数。

(3)在多枚导弹同时来袭时,不同反导系统具有不同的最大拦截能力(假设最大可同时发射 y_b 枚反导导弹)。

(4)反导武器拦截战法有两种:一是多拦一,即使用多枚反导导弹拦截同一枚来袭导弹;二是一拦一,即每枚反导导弹分别拦截不同的来袭导弹。

(5)多发导弹成功突防的概率服从二项分布。

(6)将齐射的导弹进行编号,使每枚导弹对应于各自的瞄准点。

4.2.2 机场封锁与反封锁对抗过程描述

由于当代战损修复技术的快速发展[16],在评估导弹对机场跑道的封锁效能时,不得不考虑跑道的可维修性。由于战时机场封锁与反封锁对抗过程是紧紧围绕跑道的修复与反修复而进行的一场时间争夺战[17],因此,根据跑道的修复与机场设计特点[18],将机场反封锁的过程描述成4个阶段[19]。

(1)判定跑道损毁情况。即准确快速地确定弹坑的大小和位置,以及未爆弹的位置和分布,并将这些信息快速准确地传送到机场抢修指挥中心。

(2)确定应急跑道抢修方案。利用机场损毁情况判定系统提供的各类信息,在遭破坏的跑道上,选定一块能满足飞机紧急起降需要的矩形区域(MOS)进行重点抢修,使机场在尽可能短的时间内恢复一定的起降能力。

(3)排爆作业阶段。机场排弹扫雷分队在确定的修复区域及其周围一定距离内清理未爆的延时子母弹等未爆弹药。如果没有使用延时子母弹,则不考虑此作业阶段。

(4)弹坑修复阶段。即机场跑道抢修分队快速填充弹坑和修复道面。

4.3 导弹封锁机场跑道的使命任务分析

在SEA方法中所说的使命是指武器系统或作战行动要完成的特定任务。运用SEA方法进行使命任务分析,不仅仅是要描述清楚任务,更重要的是,要考虑如何把使命任务用合适的指标表述清楚[20]。

从导弹封锁机场跑道的打击意图来看,使命任务可表述为:使对手空军基地在一定时间内丧失保障飞机起降的主要功能。这种功能丧失,对时间和空间有两方面的要求。从时间上讲,要求机场维持一定的无法保障飞机起降的时间;从空间上讲,要求跑道处于失效的状态。为准确描述导弹封锁机场跑道的使命任务给出如下概念,成为封锁机场的评估作战效能的指标。

跑道失效时间:跑道失效时间是指确保跑道上不存在最小起降窗口的时间,即从最后一枚侵彻子弹完成对跑道的侵彻开始,到经过机场抢修分队紧急抢修,出现第一个可供飞机起降窗口之前的这段时间。该段时间内,飞机将无法利用该组跑道进行起飞和着陆滑跑。

由前文的分析可知,跑道封锁失效可以划分为 4 个组成部分:判定跑道损毁情况、确定应急跑道抢修方案、排爆作业和弹坑修复,其时间分别为 T_j、T_p、T_c 和 T_r。

战时机场封锁与反封锁对抗过程一般有两种情况。

一种是排爆作业与修复作业分阶段进行,即排爆分队先将选定的作业内的未爆弹排除,而后跑道抢修分队才进入作业区内填补弹坑,修复道面。故该情况下跑道失效时间 T_s 可以表示为[17]

$$T_s = T_j + T_p + T_c + T_r \tag{4.1}$$

另一种是修复作业与排爆作业重叠进行(注意:不是同步进行),即排爆作业分队进入应急跑道修复区作业达到一定程度时(取排爆作业时间的 1/2),跑道抢修分队即进入现场进行修复作业。此时,跑道失效时间为

$$T_j + T_p + \frac{T_c}{2} + T_r \leqslant T_s \leqslant T_j + T_p + T_c + T_r \tag{4.2}$$

可以认为,判定跑道损毁情况和确定应急跑道抢修方案所需时间是机场抢修保障力量固有能力的体现,在战时变化不大,故以某一常值表示。排爆作业过程是机场封锁与反封锁激烈对抗的阶段,影响排爆作业的因素很多,各因素的不确定性较强,需要结合实战对抗过程重点研究。

弹坑修复时间不仅取决于抢修分队的作业能力,还与侵彻战斗部的类型及道面上弹坑的分布密集程度有关,是实际作战中变化较大的一个量。如不同重量级侵彻子母弹对跑道的毁伤能力(毁伤面积)相差很大;此外,选定修复区内弹坑越多,进行修复需要的时间相应要长。

封锁把握程度:导弹武器破坏跑道后,使跑道丧失保障飞机起降功能的把握程度。目前,在判断跑道是否失效时,以跑道上不存在最小起降窗口为依据,故封锁把握程度可用跑道失效率(DPR)表征。

4.4　基于 SEA 方法的导弹封锁机场跑道作战效能分析的基本框架

由系统效能的概念出发,可以引申出 SEA 方法的基本思想:当系统在一定环境下运行时,系统运行状态可以由一组系统原始参数的表现值描述[21]。受系统运行中不确定因素的影响,系统运行状态可能有多个。在这些状态组成的集合中,如果某一状态所呈现的系统完成预定任务的情况满足使命要求,就可以说系统在这一状态下能完成预定任务[22]。由于系统在运行时落入何种状态是随

机的,因此,在系统运行状态集中,系统落入可完成预定任务状态的"概率"大小,就反映了系统完成预定任务的可能性[23-24]。令系统状态 s 呈随机分布密度 $\mu(s)$,且有 $\int_s \mu(s)\,\mathrm{d}s = 1$,那么,系统轨迹 L_s 上的点 m_s 也相应有随机分布密度 $\xi(m_s)$,并且有 $\int_{L_s} \xi(m_s)\,\mathrm{d}m_s = 1$。系统效能指标可取为

$$E = \int_{L_s \cap L_m} \xi(m_s)\,\mathrm{d}m_s \tag{4.3}$$

式中 $L_s \cap L_m$——系统轨迹 L_s 与使命轨迹 L_m 的交集。

运用SEA方法分析导弹打击机场跑道作战效能的步骤如下。

(1) 确定导弹封锁作战的系统、环境和使命。

导弹打击机场跑道的作战环境在图4.1中已经进行了描述。

可用以下数据作为描述系统环境的环境原始参数,主要包括两方面数据:一是目标信息,包括跑道长 L_x、宽 L_y,最小起降窗口长 $L_{\min}$、宽 $B_{\min}$,单弹坑平均修复时间等;二是导弹飞行环境参数,包括各类反导防御武器系统的组成、部署、技术战术指标、战法等。令 $\boldsymbol{C}$ 表示所有环境原始参数组成的向量。

使命是系统运动过程的秩序,导弹武器系统封锁机场的使命就是使蓝军空军基地在一定时间内丧失保障飞机起降的主要功能。

(2) 由作战使命抽象出性能量度空间{MOP_i}。

描述系统完成使命品质的"量"称为性能量度或属性,简写为MOP。在一个多使命的系统中,性能量度是一个集合{MOP}。如何根据系统运行特点抽象出能够满足使命要求的性能量度空间是SEA方法中重要的创造性工作。根据前面作战使命的分析,可以认为,在导弹部队受命对机场跑道进行火力封锁时,用跑道封锁时间和封锁把握程度作为性能量度能够比较全面的描述导弹封锁机场跑道的使命要求。例如,使用某型导弹封锁某机场时,其作战任务可表述如下:要求该机场被封锁XXmin的把握程度不低于YY%。评估该型导弹武器封锁跑道的作战效能,就是研究在特定环境下,武器系统满足封锁时间和把握程度两项指标的概率。

令描述跑道封锁时间及封锁把握程度的性能量度分别用 MOP_1 和 MOP_2 表示,则

$$\begin{cases}\mathrm{HMOP}_1 = T_s \\ \mathrm{MOP}_2 = \mathrm{DPR}\end{cases} \tag{4.4}$$

(3) 根据封锁作战特点,建立系统原始参数到性能量度的映射。

描述系统能力、影响性能量度的独立变量称为系统原始参数[25],在这里,主

要是指武器方面的性能及数据，如武器精度、抛撒半径、装填子弹数、单枚子弹对跑道的毁伤能力（毁伤面积）、发射弹量、发射成功率、飞行可靠性、突防概率等。令 $\boldsymbol{S}$ 表示所有系统原始参数组成的向量。在 SEA 方法中，系统映射 $f_s(\boldsymbol{S},\boldsymbol{C})$ 的建立往往是整个分析过程的重点，必须借助于一定的数学方法，把系统的结构、功能、行为和原始参数对系统运行过程的影响描述出来。如果性能量度空间 $\{\mathrm{MOP}\}$ 是 n 维的，那么，系统映射 $f_s(\boldsymbol{S},\boldsymbol{C})$ 显然也是 n 维，有

$$\{\mathrm{MOP}_i\}_s = \{f_{si}(\boldsymbol{S},\boldsymbol{C})\}_s \quad (i = 1,2,\cdots,n) \tag{4.5}$$

根据攻防对抗环境和封锁与反封锁对抗过程所做出的假设条件，需要分别建立 MOP_1 和 MOP_2 的映射，即研究突防及封锁与反封锁对抗条件下跑道失效率 DPR 和跑道失效时间 T_s 的建模问题。

（4）根据封锁作战的任务要求，建立使命原始参数到性能量度的映射。

用于描述使命特征的基本变量称为使命原始参数，在这里，使命原始参数就是作战要求的封锁时限和封锁把握程度[26]。令 $\boldsymbol{G}$ 表示所有使命原始参数组成的向量。使命映射通过把使命原始参数的值域要求转化为性能量度（MOP）的值域要求而实现。显然，使命映射 $f_m(\boldsymbol{G},\boldsymbol{C})$ 也应是 n 维，有

$$\{\mathrm{MOP}_i\}_m = \{f_{mi}(\boldsymbol{S},\boldsymbol{C})\}_m \quad (i = 1,2,\cdots,n) \tag{4.6}$$

导弹部队封锁机场跑道的任务要求可以简单表示为：至少封锁机场若干时间（T_{XX}）的把握程度不低于某一概率（P_{YY}），其使命轨迹在性能空间内的区域必须满足

$$\begin{cases}\mathrm{MOP}_1 \geqslant T_{\mathrm{XX}} \\ \mathrm{MOP}_2 \geqslant P_{\mathrm{YY}}\end{cases} \tag{4.7}$$

（5）由 f_s 和 f_m 在 $\{\mathrm{MOP}_i\}$ 空间上产生系统轨迹 L_s 和使命轨迹 L_m。

假设经过推导或统计分析得到 MOP_1 和 MOP_2 的分布密度函数，分别记为 $f_1(\mathrm{MOP}_1)$ 和 $f_2(\mathrm{MOP}_2)$；MOP_1 和 MOP_2 的联合分布密度函数记为 $f(\mathrm{MOP}_1,\mathrm{MOP}_2)$。根据前面的分析，可以画出系统映射和使命映射在性能空间 $\{\mathrm{MOP}_i\}$ 上所生成的系统轨迹 L_s 和使命轨迹 L_m。特殊地，如果 MOP_1 和 MOP_2 的分布密度函数相互独立，当 $f_1(\mathrm{MOP}_1)$ 和 $f_2(\mathrm{MOP}_2)$ 都为正态分布，或都为均匀分布时，L_s 和 L_m 的关系分别如图 4.2、图 4.3 所示。

（6）根据两轨迹空间的重合程度求解封锁作战效能 E。

根据式（4.3），可以计算出导弹封锁机场跑道的作战效能 E。如果 $f_1(\mathrm{MOP}_1)$ 和 $f_2(\mathrm{MOP}_2)$ 相互独立，联合分布密度函数 $f(\mathrm{MOP}_1,\mathrm{MOP}_2) = f_1 \cdot f_2$，则导弹封锁机场跑道的作战效能按下式计算，即

$$E = \iint_{L_s \cap L_m} f_1(\mathrm{MOP}_1) \cdot f_2(\mathrm{MOP}_2)\,\mathrm{dMOP}_1\mathrm{dMOP}_2 \tag{4.8}$$

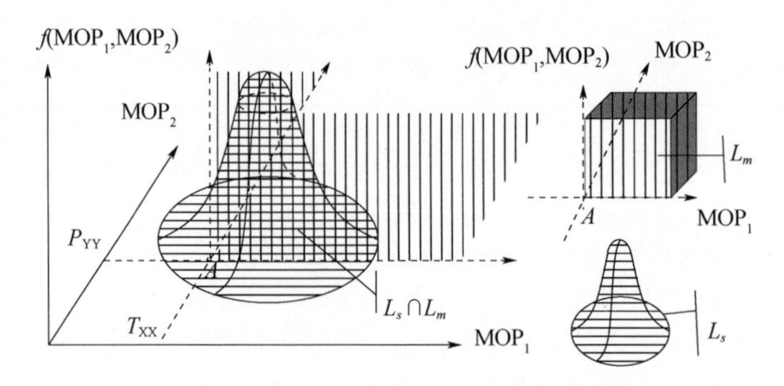

图 4.2 正态分布下系统轨迹和使命轨迹在性能量度空间上示意图

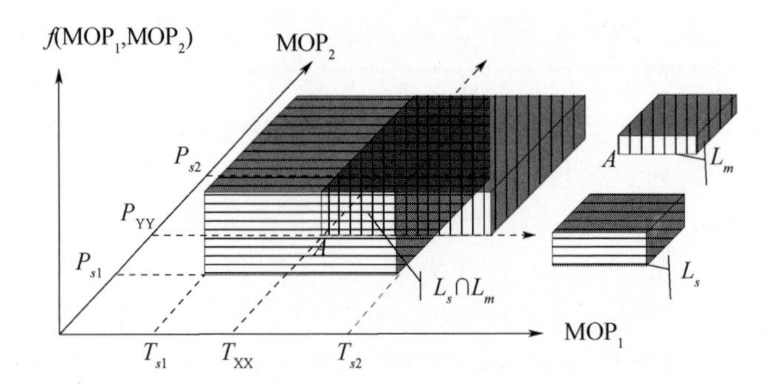

图 4.3 均匀分布下系统轨迹和使命轨迹在性能量度空间上示意图

导弹封锁机场目标，由于突防作战环境复杂，封锁与反封锁对抗过程激烈，不确定因素众多，大大增加了效能分析的难度。本章根据导弹攻击机场跑道作战使用特点，尝试运用 SEA 效能分析理论，较为规范地建立了导弹武器封锁机场跑道作战效能仿真的框架体系和作战效能的分析模型，既为后续章节提供方法论基础，也可对深化理解 SEA 方法的思想、加强 SEA 方法在军事领域中的推广应用，起到一定的示范作用。

参考文献

[1] 张克，刘永才，关世义. 关于导弹武器系统效能评估问题的探讨[J]. 宇航学报，2002，23(2)：58－66.

[2] 关成启，杨涤，关世义. 导弹武器系统效能评估方法研究[J]. 系统工程与电子技术，2000，22(7)：32－36.

[3] 韩松臣. 导弹武器系统效能分析的随机理论方法[M]. 北京：国防工业出版社，2001.

[4] 杨辉耀,赵国宏.导弹突防作战对策研究[J].军事运筹与系统工程,2002(1):7-10.

[5] 黄寒砚,王正明.子母弹对机场跑道封锁时间的计算方法与分析[J].兵工学报,2009,30(3):295-300.

[6] 295-300. Program Management Plan(PMP) for Rapid Runway(RRR). AD-A128565,1983.

[7] 黄龙华,冯顺山,王震宇.多模式封锁弹对机场跑道封锁效能的分析[J].弹箭与制导学报,2006,26(4):173-176.

[8] 程云门.评定射击效率原理[M].北京:解放军出版社,1986.

[9] 张莉英,王辉,韩永军.侵彻子母弹对机场跑道封锁的毁伤仿真研究[J].战术导弹技术,2007(4):82-86.

[10] 张震,王建国,高银峰,等.机场道面抢修应急起降带的确定[J].后勤工程学院学报,2007,23(2):14-17.

[11] 高明华,王建国,王世宏,等.战时机场道面抢修MOS优选数学模型[J].后勤工程学院学报,2009,25(2):92-96.

[12] 王治,蔡良才.战时机场跑道抢修保障资源优化技术研究[J].国防交通工程与技术,2006(4):32-34.

[13] 许巍,岑国平.机场最小起降带的计算机辅助优选[J].后勤工程学院学报,2002,18(4):20-23.

[14] 吕彬.导弹武器作战系统作战效能评估模型研究[J].指挥技术学院学报,1999,10(6):43-46.

[15] 甄涛.地地导弹武器系统作战效能评估[M].北京:国防工业出版社,2003.

[16] 李建平.装备战场抢修理论与应用[M].北京:兵器工业出版社,2000.

[17] 王华,马宝华.封锁机场多模弹药反排策略与对抗特性分析[J].弹箭与制导学报,2001 (01):42-46.

[18] 蔡良才.机场规划设计[M].北京:解放军出版社,2002.

[19] 王华.封锁机场多模弹药与多模引信系统分析[R].北京:中国国防科学技术报告,1997.

[20] 胡晓峰,罗批,司光亚,等.战争复杂系统建模与仿真[M].北京:国防大学出版社,2005.

[21] 徐安德.论武器系统作战效能的评定[J].航空兵器,1989(2):5-10.

[22] FLAATHEN K O. A Methodology to Find Overall System Effectiveness in a Multicriterion Environment Using Surface to Air Missile Weapon Systems as an Example [D]. Monterey: Naval Postgraduate School, 1981.

[23] BOUTHONNIER V, LEVIS A H. Effectiveness analysis of C^3 systems[J]. IEEE Transactions on Systems Man & Cybernetics, 1982, SMC-14(1): 48-54.

[24] BOUTHONNIER V, LEVIS A H. Effectiveness Analysis of C^3 Systems[J]. IEEE Transactions on Systems, Man, and Cybernetics, 1984, SMC-14(1): 48.

[25] 胡剑文,张维明,刘忠.数值SEA算法及其在反隐身防空系统效能分析中的应用[J].系统工程理论与实践,2003,23(3):54-58.

[26] 吴晓峰,周智超.SEA方法及其在 C^3I 系统效能分析中的应用[J].系统工程理论与实践,1998,18(11):66-69.

第5章 封锁把握程度解析模型的构建

封锁把握程度是指成功封锁跑道,阻止机场飞机起飞的概率。选择SEA方法分析导弹武器系统的作战效能,最大难点在于系统映射解析模型的分析与建立上;如何构建描述突防及打击效果的封锁把握程度的解析模型成为能否成功运用SEA方法的关键所在。然而,当前对跑道封锁把握程度的研究,全部采用蒙特卡罗(Monte Carlo)方法建模[1-13],而Monte Carlo方法[14]却是一种统计试验方法,致使在SEA方法具体运用上,往往会在系统映射解析模型的建立与性能量度的分析上,难以为继。如何另辟蹊径,构建描述打击效果的解析模型,将是封锁把握程度建模需要首先予以解决的问题。此外,出于突防方案优化设计及突防战法验证与评估等作战指挥辅助决策分析的需要,还必须使所建模型对影响突防效果的突防战法、突防技术具有足够的敏感度[15]。但是,目前以跑道失效率(DPR)为指标的封锁把握程度的建模研究都以成爆弹量为基础和前提,还无法描述动态、不确定条件下突防战法、突防技术对于作战效果的影响[16]。因此,在推导出封锁把握程度的解析模型后,还必须根据导弹攻防体系对抗的特点,对封锁把握程度的分布密度进行统计推断分析。

5.1 分段瘫痪机场跑道的封锁思想

跑道是一个长达数千米的矩形目标,要全部摧毁跑道需要耗费巨量的成爆弹量,从作战效能上讲,是划算的。作为一种最划算的办法,是分段截断跑道,让整条跑道找不到一个可供飞机起降的滑行道。

5.1.1 机场的分级

机场的分级,通常是根据机场所能保障的飞机类型、场道规格、场道标准和设备完善程度划分等级的。军用机场和民用机场,两者等级划分的标准有所不同。军用机场通常按跑道所能保障的飞机类型(主要考虑跑道基本长度)划分为特级、一级、二级、三级4个等级。其中,特级机场供重型轰炸机和大型运输机使用,跑道长度为3200~4500m;一级机场供中型轰炸机和中型运输机使用,跑道长度为2600~3000m;二级机场供歼击机、强击机、轻型轰炸机和中型涡轮螺旋桨运输机使用,跑道长度为 2000 ~ 2400m;三级机场供初级教练机和小型运输机使用,跑道长度为 1200 ~ 1600m[17]。民用机场只有飞行区等级,用两指标表述。飞行区等级指标Ⅰ根据使用该飞行区的最大飞机的基准飞行场地长度确定,分为 1 ~ 4 级;指标Ⅱ表示最大翼展和最大轮距宽度,分为 A ~ F 级。两指标组合表示飞行区等级[18]。等级越高,表示跑道越长、越宽(表 5.1)。

表 5.1　民用机场飞行区等级划分方法[19]

飞行区代码	跑道长度/m	飞行区代号	最大翼展/m	最大轮距离宽度/m
1	1 <800	A	<15	<4.5
2	800 ~ 1200	B	15 ~ 24	4.5 ~ 6
3	1200 ~ 1800	C	24 ~ 36	6 ~ 9
4	>1800	D	36 ~ 52	9 ~ 14
			52 ~ 65	9 ~ 14
			65 ~ 80	14 ~ 16

5.1.2　对跑道实施瘫痪打击的方法

从机场飞行区等级划分方法可以看出,机场跑道不短,要全部摧毁不容易。同样,考虑到飞机起降,需要有一个能够满足其最小滑行长度和安全宽度的矩形区域,只要把这个矩形区域破坏掉就可以阻止飞机起降。因此,无论是过去还是现在,封锁机场跑道,一般不会考虑也不需要把跑道全部炸毁,通常的打击办法是在跑道上炸出较均匀的坑,使跑道在任意方向都不存在供飞机起降的最小起降区域,就可以达到封锁机场的目的。如图 5.1 所示,弹着点只要位于最小起降带内,飞机就无法正常升空。

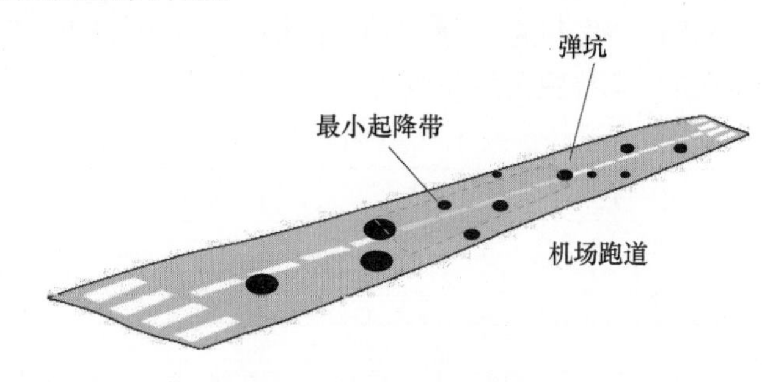

图 5.1　封锁机场跑道示意图

具体的封锁跑道方式,以美军为例,目前主要有两种:使用弹药单纯对机场跑道进行破坏,使跑道上不存在飞机所需的最小起降带,即认为封锁成功;使用多模式封锁弹对跑道攻击,即将多种功能的子母弹混合使用,不仅对跑道进行破坏,而且还抛撒大量封锁目标子弹药,采用多种引信模式,子弹药在感应到活动目标后可能随时引爆,不仅对机场上的飞机、人员和器材构成严重威胁,也给机场人员带来很大心理负担。这样,跑道上也不存在最小起降带,而且还能阻碍对手采取修复措施,迟滞抢修速度,封锁效果更佳。

那么,什么是最小起降带?最小起降带又称为最小升降窗口,是指飞机在跑道上安全起飞或降落时所需的最小完好矩形区域。不同的机种存在不同的升降窗口。美国国防部在2005年颁布的《军事及相关术语词典》中,将最小起降带(Minimum Operating Strip,MOS)定义如下:A runway which meets the minimum requirements for operating assigned and/or allocated aircraft types on a particular airfield at maximum or combat gross weight[20]。即在一个特定的机场,能够保证特定的和/或相应配置的飞机以最大或作战总重起降所需的最低要求的跑道,也称为最低标准简易机场。

各种飞机的最小起降带长度即可通过公式计算出来[21],也可查表获得,即

$$L_{\mathrm{MOS}} = \frac{K_{起飞} \cdot G^2}{S \cdot \Delta \cdot C_{L离} \cdot P_{(0,0)}} \tag{5.1}$$

式中 $K_{起飞}$——经验系数,与增升装置、机翼平面形状等有关,可查表得出;

G——飞机的重力;

S——机翼面积,单位为 m^2;

Δ——起飞机场的大气相对密度,$\Delta = \dfrac{20 - H}{20 + H}$;

H——机场的海拔高度,单位为km;

$C_{L离}$——飞机离地时的升力系数,可查表得出;

$P_{(0,0)}$——飞机在高度和速度为0时的推力值,可查表得出。

表5.2给出了世界几种主要战斗机的最小升降距离。

表5.2 几种主战飞机的升降距离[22]

战斗机	F-14	F-15A	F-16A/B	“幻影”2000
起飞/m	366	275	533	460
降落/m	488	869	808	646

因此,对跑道实施打击后,判断封锁成功与否的标准,就看打击后跑道上是否还存在一条最小起降带(也有人称之为最小升降窗口)。如果还存在最小起降带,就说明封锁不成功;如果不存在最小起降带,就说明封锁成功了。在使用导弹等武器打击机场跑道时,存在一定的命中误差,各弹着点很难完全精准控

制,故在一轮火力打击之后,跑道上到底会不会还存在最小起降带,是一个概率性事件。我们通常用跑道失效率(DPR)衡量这一概率事件,跑道失效率是指对机场跑道进行打击后,其跑道不能安全起降飞机的概率,也可以说是跑道上不存在最小起降带的概率。现有研究,在判断跑道上是否存在最小起降带的问题上,都是运用模拟搜索算法,即从跑道的某一处开始,设置一定的步长,在机场道面上逐一搜索,看是否存在最小起降带矩形区域。搜索完后,再变化一定的角度,从斜面开展搜索,防止斜向方向出现最小起降带[2-3,7-8]。这是一种基于蒙特卡罗的统计试验算法,而 SEA 评估理论需要构建的是一种跑道失效率的解析模型,因此,需要另辟蹊径解决这个问题。

5.2　成爆弹威力环“切割”跑道的解析模型

为解决子母弹封锁机场跑道毁伤效果指标计算的解析算法问题,在此,提出一种新的计算跑道失效概率的思想。即采用威力环“切割”跑道,通过判断母弹落点与被“切割”跑道之间的几何关系,确定有利弹着区,计算跑道失效率。

5.2.1　成爆弹威力环“切割”跑道的具体思想

其具体思想可表述如下。

(1) 按最小起降窗口的长度要求,将跑道“切割”分成若干段。

(2) 假设子弹在抛撒圆内均匀散布,其半径设为 R_P,子弹对跑道的平均毁伤半径为 R_h,威力环半径为二者之和,即

$$R_W = R_P + R_h \tag{5.2}$$

(3) 考查母弹落点、威力环与被“切割”跑道之间的几何关系,当导弹抛撒子弹后形成的威力环使跑道不存在供飞机起降的最小起降窗口时,认为该段跑道被成功“切割”。

(4) 综合各段跑道成功“切割”的概率,得到多枚弹打击下的整条跑道的失效概率。

5.2.2　单瞄准点情况下跑道被单枚成爆弹成功“切割”的解析式

按以上思想可以得到单瞄准点、单枚成爆弹情况下,跑道被成功“切割”概率的解析表达式。

命题一:假设第 i 段待“切割”的跑道,其宽为 B m,其长为 $2L_d$m,最小起降窗口长 $L_{\min}$m、宽 $B_{\min}$m,导弹的瞄准点位于该段跑道中央。第 i 段跑道被一枚成

爆弹成功“切割”的概率 P_0 的解析计算式为

$$P_0 \approx \hat{\Phi}\left(\frac{x_0}{E}\right)\hat{\Phi}\left(\frac{h_0}{E}\right) + \sum_{i=1}^{n}\left[\hat{\Phi}\left(\frac{x_i}{E}\right) - \hat{\Phi}\left(\frac{x_{i-1}}{E}\right)\right]\hat{\Phi}\left(\frac{h_i}{E}\right) \tag{5.3}$$

式中　$\hat{\Phi}(x)$——简化的拉普拉斯函数[15],其中

$$(x + \Delta L)^2 + \left(y + \frac{B}{2} - B_{\min}\right)^2 = R_W^2$$

$$\begin{cases} -\Delta L \geqslant x \geqslant -\sqrt{R_W^2 - \left(\dfrac{B}{2} - B_{\min}\right)^2} \\ y \geqslant 0 \end{cases}$$

$$x_0 = -\Delta L$$

$$h_0 = \sqrt{R_W^2 - (x_0 + \Delta L)^2} + B_{\min} - \frac{B}{2}$$

当 $i = 1,2,3,\cdots,n$ 时,有

$$\begin{cases} x_i = -x_0 - \dfrac{\sqrt{R_W^2 - \left(\dfrac{B}{2} - B_{\min}\right)^2}}{n} i \\ h_i = \sqrt{R_W^2 - (x_i + \Delta L)^2} + B_{\min} - \dfrac{B}{2} \end{cases}$$

证明如下:

(1) 以跑道中心为原点,跑道方向为 x 轴方向,建立笛卡儿坐标系。

根据瞄准点选取方法,可知待切割的长为 $2L_d$ 这段跑道,一般 $2L_d \leqslant 2L_{\min}$,令 $\Delta L = L_{\min} - L_d$。

(2) 根据母弹落点、威力环与被“切割”跑道之间的几何关系,确定有利弹着区。

① 考虑母弹弹着点上下移动的情景。

母弹弹着点位于上方时,威力环“切割”跑道的部位上所形成完好的最大通道的宽度应该小于最小起降窗口宽度 $B_{\min}$,故弹着点在跑道上方的位置不能超过 $R_W - \dfrac{B}{2} + B_{\min}$。

同样,弹着点位于跑道下方时,其位置不能超过 $-\left(R_W - \dfrac{B}{2} + B_{\min}\right)$。

② 母弹弹着点向左移动。

显然,横向(即左右方向)之间的移动,不能超过 $-R_W - \Delta L$。

③ 母弹弹着点向左上方移动。

当母弹弹着点向左上方移动时,主要考查威力环与右半段跑道的重叠情况。

当威力环始终覆盖右半段跑道的左下角时，此时，右半段跑道始终不会出现最小起降窗口；当威力环继续向左上方移动，无法再覆盖右半段跑道的左下角时，跑道右半段左下角方向开始出现最小起降窗口。为此，令 H 点的坐标为 $\left(-\Delta L, -\frac{B}{2}+B_{\min}\right)$，以 H 点为圆心，以 R_W 为半径，在左上方作一段圆弧，交直线 $y=R_W-\frac{B}{2}+B_{\min}$ 于 Q 点。显然，Q 点坐标为 $\left(-\Delta L, R_W-\frac{B}{2}+B_{\min}\right)$，交直线 $y=0$ 于点 S 处，令 S 坐标为 $(x_s, 0)$，则

$$x_s=-\sqrt{R_W^2-\left(\frac{B}{2}-B_{\min}\right)^2}-\Delta L \tag{5.4}$$

④ 母弹弹着点向其他方位移动。仿照母弹弹着点向左上方移动时的分析方法，分别画出威力环向左下方、右下方、右上方、右下方移动时的弧线，分别设为 SP、TP、TQ。得到图 5.2 所示的有利弹着区图。其中各点的坐标：T 与 S 关于 Y 轴对称；P 与 Q 关于 X 轴对称；F 与 Q 关于 Y 轴对称；G 与 F 关于 X 轴对称。

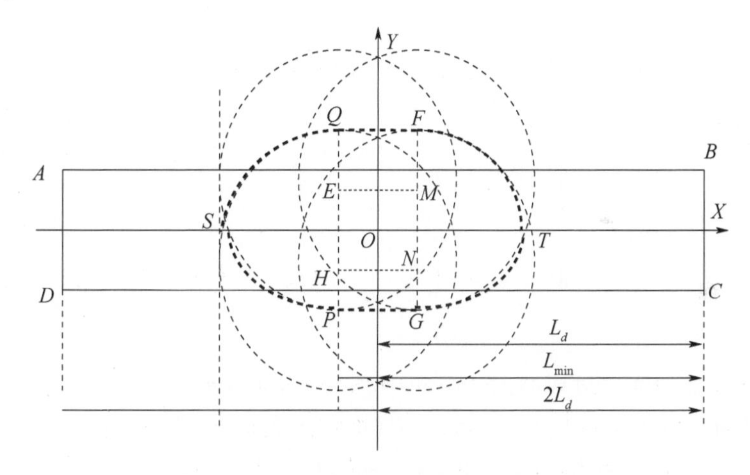

图 5.2　威力环切割跑道母弹有利弹着区示意图

(3) 单瞄准点、单枚成爆弹情况下，某段跑道被成功“切割”的概率。

根据火力运用理论可知，求某段跑道被成功“切割”的概率，就是计算母弹落入有利弹着区内的概率。为此，我们做如下假设。

① 导弹瞄准点与落点中心重合，即不考虑系统误差。

② 母弹弹着点散布为圆散布，即 $\sigma_x=\sigma_y=\sigma$ 或 $E_x=E_y=E$，弹着点纵、横向的分布密度为

$$\begin{cases} f(x) = \dfrac{\rho}{\sqrt{\pi}E}\exp\left[-\rho^2\left(\dfrac{x}{E}\right)^2\right] \\ f(y) = \dfrac{\rho}{\sqrt{\pi}E}\exp\left[-\rho^2\left(\dfrac{y}{E}\right)^2\right] \end{cases} \tag{5.5}$$

其中

$$\rho = \frac{E}{\sqrt{2}\sigma} = \frac{0.67448975}{\sqrt{2}}$$

$$E = 0.57285849\text{CEP}$$

为了便于计算,把图5.2中的有利弹着区划分为5个部分,如图5.3所示。

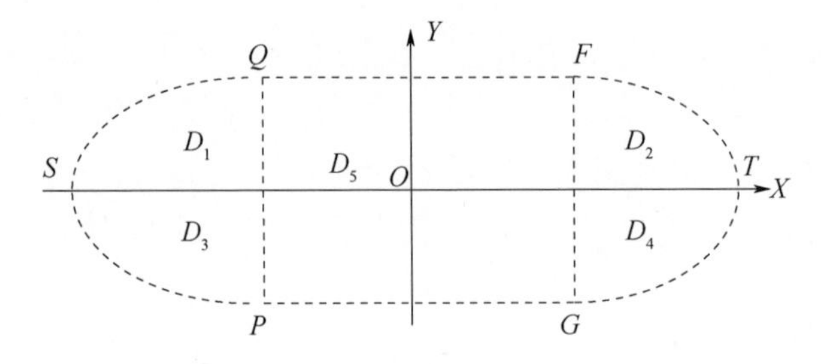

图5.3　有利弹着区划分示意图

弹着于有利弹着区内的概率为

$$\begin{aligned} P_0 &= \iint_D f(x)f(y)\,\mathrm{d}x\mathrm{d}y \\ &= \iint_{D_1} f(x)f(y)\,\mathrm{d}x\mathrm{d}y + \cdots + \iint_{D_5} f(x)f(y)\,\mathrm{d}x\mathrm{d}y \\ &= P_1 + \cdots + P_5 \end{aligned} \tag{5.6}$$

由于正态分布密度函数对于分布中心(与瞄准点重合)是点对称的,而区域 $SQFTGP$ 对于瞄准点也是点对称的,并且被积函数相等,所以,有

$$P\{(x,y) \in D_1\} = P\{(x,y) \in D_2\} = P\{(x,y) \in D_3\} = P\{(x,y) \in D_4\} \tag{5.7}$$

对于 D_1,有

$$(x + \Delta L)^2 + \left(y + \frac{B}{2} - B_{\min}\right)^2 = R_W^2 \tag{5.8}$$

其中

$$\begin{cases} -\Delta L \geqslant x \geqslant -\sqrt{R_W^2 - \left(\dfrac{B}{2} - B_{\min}\right)^2} - \Delta L \\ y \geqslant 0 \end{cases}$$

为了保证计算积分的精度，将区域按 $x = x_0, x_1, \cdots, x_n$ 等距离分割，则

$$P_1 = \iint_{D_1} f(x)f(y)\mathrm{d}x\mathrm{d}y \approx \int_{-x_1}^{-x_0} f(x)\mathrm{d}x \int_0^{h_1} f(y)\mathrm{d}y + \int_{-x_2}^{-x_1} f(x)\mathrm{d}x \int_0^{h_2} f(y)\mathrm{d}y + \cdots + \int_{-x_n}^{-x_{n-1}} f(x)\mathrm{d}x \int_0^{h_n} f(y)\mathrm{d}y \tag{5.9}$$

同样，可以得到 P_2、P_3、P_4 的积分表达式。

经整理得

$$P_1 + P_2 + P_3 + P_4 \approx \sum_{i=1}^{n} \left[\hat{\Phi}\left(\frac{x_i}{E}\right) - \hat{\Phi}\left(\frac{x_{i-1}}{E}\right) \right] \hat{\Phi}\left(\frac{h_i}{E}\right) \tag{5.10}$$

对于 D_5，知其为一个矩形区域，即

$$D_5: \begin{cases} -\Delta L \leqslant x \leqslant \Delta L \\ -\left(R_W - \dfrac{B}{2} + B_{\min}\right) \leqslant y \leqslant R_W - \dfrac{B}{2} + B_{\min} \end{cases} \tag{5.11}$$

$$P_5 = \iint_{D_5} f(x)f(y)\mathrm{d}x\mathrm{d}y = \int_{-\Delta L}^{\Delta L} \int_{-\left(R_W - \frac{B}{2} + B_{\min}\right)}^{R_W - \frac{B}{2} + B_{\min}} \frac{\rho^2}{\pi E^2} \exp\left\{ -\rho^2 \left[\left(\frac{x}{E}\right)^2 + \left(\frac{y}{E}\right)^2 \right] \right\} \mathrm{d}x\mathrm{d}y \tag{5.12}$$

式(5.12)可以简化为

$$P_5 = \hat{\Phi}\left(\frac{\Delta L}{E}\right) \hat{\Phi}\left(\frac{R_W - \dfrac{B}{2} + B_{\min}}{E}\right) = \hat{\Phi}\left(\frac{x_0}{E}\right) \hat{\Phi}\left(\frac{h_0}{E}\right) \tag{5.13}$$

故单瞄准点、单枚成爆弹情况下，某段跑道被成功“切割”的概率为

$$P_0 \approx \hat{\Phi}\left(\frac{x_0}{E}\right) \hat{\Phi}\left(\frac{h_0}{E}\right) + \sum_{i=1}^{n} \left[\hat{\Phi}\left(\frac{x_i}{E}\right) - \hat{\Phi}\left(\frac{x_{i-1}}{E}\right) \right] \hat{\Phi}\left(\frac{h_i}{E}\right) \tag{5.14}$$

5.2.3　多瞄准点情况下跑道被多枚成爆弹封锁的跑道失效率解析计算模型

在此基础上，可以推导出多枚成爆弹、多瞄准点情况下跑道失效概率的计算式。

所谓瞄准点，实际上就是期望的弹着点（或爆心投影点）[23]。关于多枚导弹打击跑道时瞄准点如何选取，方法有多种，国内外许多学者也都进行过专题研究[21,23-27]。例如，参考文献[23]为解决多跑道机场的瞄准点优选问题，提出将多跑道进行离散化处理，再采用“直接循环迭代法”进行最优瞄准点的选择计算方法；参考文献[24]为解决使用战术导弹对机场跑道实施多波次打击时的瞄准点

选择问题,提出在考虑具有先前毁伤效果的累积效应基础上,按照优先打击最小起降窗口、使最小维修窗口中维修工作量最大的思路,设计了一种瞄准点选择方法,对瞄准点选取的具体方法步骤都有较为详细的描述。瞄准点选取的方法不同,对计算跑道失效率的解析模型相差很大。由于瞄准点选取方法对 DPR 计算结果的影响主要体现在有利弹着区的确定上,因此,为了便于读者理解,结合有利弹着区的分析过程,对本书瞄准点选取方法,予以简单介绍。

确定瞄准点数目与位置的经验方法是:“切割”长度应略小于最小起降窗口长度(图 5.4)。例如,当最小起降带 MOS(也称为最小起降窗口)长度为 800m 时,可按间隔 700m 左右安排瞄准点。

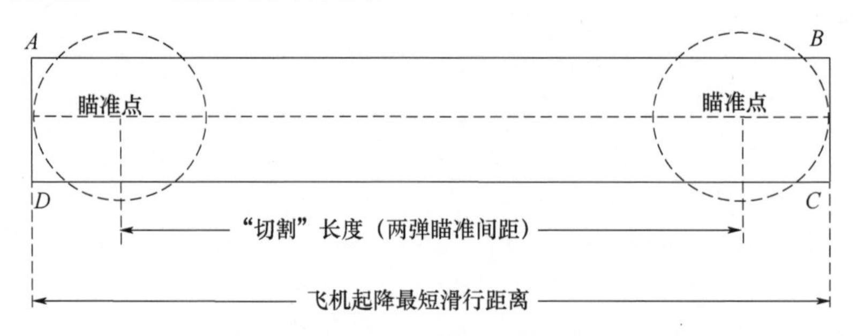

图 5.4 瞄准间距与最小起降带长度关系示意图

设跑道长 L_xm、宽 L_ym,最小起降窗口长 $L_{\min}$m、宽 $B_{\min}$m。

以跑道中心为原点,跑道方向为 x 轴方向,建立笛卡儿坐标系。

若$\left[\dfrac{L_x}{L_{\min}}\right]=\dfrac{L_x}{L_{\min}}$,则令 $m=\left[\dfrac{L_x}{L_{\min}}\right]$;否则,令 $m=\left[\dfrac{L_x}{L_{\min}}\right]+1$([ ]表示取整)。瞄准点的个数为 $m-1$。

设共发射 n 枚导弹,则上述 $m-1$ 个瞄准点上弹量分配的原则是:若 n 为 $m-1$ 的整数倍,则每个瞄准点上分配$\dfrac{n}{m-1}$枚导弹;否则,先在每个瞄准点上各分配$\left[\dfrac{n}{m-1}\right]$枚弹,再在 $m-1$ 个瞄准点中选出 $n-(m-1)\left[\dfrac{n}{m-1}\right]$个瞄准点,在这些瞄准点上各增加 1 枚导弹。选择的原则是使这些瞄准点尽可能均匀地分布在机场跑道上。

不妨举一事例予以说明:假设欲封锁的机场跑道长度为 3000m、宽度为 60m,最小起降带长度为 800m。可计算出瞄准点个数为$\left[\dfrac{3000}{800}\right]$,取整后瞄准点个数应是 3 个。以跑道中心点为原点,跑道长度方向为 x 轴,宽度方向为 y 轴,建立笛卡儿坐标系。当瞄准间隔取 750m 时,表 5.3 描绘了发射 3 ~6 枚导弹时,各枚弹瞄准点的分配情况。

表 5.3　不同导弹量下瞄准点分配表

发射弹量/枚	每枚导弹对应的瞄准点/m		
3	(-750,0)	(0,0)	(750,0)
4	(-750,0)	(0, -15)(0,15)	(750,0)
5	(-750, -15)(-750,15)	(0, -15)(0,15)	(750,0)
6	(-750, -15)(-750,15)	(0, -15)(0,15)	(750, -15)(750,15)

当然,这个事例只是最简单的单跑道机场,实际封锁时,除跑道本身外,往往还要将联络道,甚至停机坪的封锁都考虑进去。

另外,应该指出的是,瞄准点优化问题是一个多维、多峰值的问题。瞄准点优化问题涉及的未知数与参数繁多,少则十几个,多则几十个,甚至上百个。瞄准点优化问题的目标函数的形式与性质非常复杂,具有多个极值,在优化过程中要求得到全局极值十分困难;目标函数随瞄准点优化准则不同而不同,因此,瞄准点选择并没有通用的模型。

在此,本书假设某跑道瞄准点有 m 个,与各个瞄准点相对应的各枚导弹发射、突防及解爆情况如表 5.4 所列。

表 5.4　瞄准点与各枚导弹的发射成功概率、突防概率及解爆成功概率关系表

瞄准点编号	1			…	i			…	m		
发射导弹编号	1	…	n_1	…	$\sum_{j=1}^{i-1} n_j + 1$	…	$\sum_{j=1}^{i} n_j$	…	$\sum_{j=1}^{m-1} n_j + 1$	…	$\sum_{j=1}^{m} n_j$
发射成功率	P_{11}	…	P_{1n1}	…		…		…		…	
突防结果	P_{21}	…	P_{2n1}	…	0	…	1	…	1	…	1
解爆成功率	P_{31}	…	P_{3n1}	…		…		…		…	

跑道失效率的计算公式为

$$\mathrm{DPR} = \prod_{i=1}^{i=m} 1 - (1 - P_{0i})^{n_i} \tag{5.15}$$

式中　P_{0i}——第 i 枚成爆弹成功"切割"某段跑道的概率。

5.3　MOP$_1$ 分布规律推断

目前,计算 DPR 都是基于成爆弹的前提下进行的,计算出的结果也是确定

的,但在实际作战过程中,考虑敌方反导拦截等不确定因素的影响,我们无法预知各个瞄准点成爆弹量的情况[28],DPR 的计算结果具有不确定性。例如,原来分配给某个瞄准点的发射弹量是 2 枚,敌方反导拦截后,可能 2 枚导弹均未能成爆,或者 2 枚导弹都成爆,也可能只有 1 枚导弹成爆;因此,突防情况对封锁把握程度的计算结果的影响是显著的[29-30],我们需要结合具体的作战环境,对 MOP_1 的运行结果进行分析推断,这是运用 SEA 方法分析导弹封锁机场作战效能需要解决的难题。

这里,我们在设定具体攻防对抗条件的基础上,主要考虑运用古典概率论方法研究各突防事件出现的概率,根据各突防事件的成爆弹量情况计算相应的 DPR 值,再综合得出 DPR 值的概率分布情况,最后对数据进行回归分析,推断 DPR 服从何种分布。

5.3.1 问题的描述

在导弹攻防对抗环境描述中,我们已经作了 5 个假设。根据这些假设,可以知道,多枚导弹成功突防的概率是服从二项式分布的,即

$$P_{N_b}(K) = C_{N_b}^{k}(1 - P_{xy})^{k} P_{xy}^{N_b - k} \tag{5.16}$$

式中 N_b——反导系统在多枚导弹同时来袭时,可同时拦截的最多反导导弹枚数;

K——N_b 枚导弹中突防成功的枚数;

P_{xy}——反导武器对来袭导弹的拦截概率;

$1 - P_{xy}$——突防概率。

假设导弹部队为打击某机场跑道,瞄准点的选择和分配弹量,如表 5.5 所列。

表 5.5 瞄准点与分配弹量关系表

瞄准点编号	1	2	…	i	…	m
分配弹量	a_1	a_2	…	a_i	…	a_m

发射弹量为

$$n_a = \sum_{i=1}^{m} a_i \tag{5.17}$$

将发射的导弹进行编号,设为 $f(n)$,$n = 1,2,\cdots,\sum_{i=1}^{m} n_{ai}$,各枚导弹的编号与瞄准点的对应关系如表 5.6 所列。

表 5.6　发射导弹编号与瞄准点对应关系表

瞄准点编号	1			2			…	i			…	m		
发射导弹编号	1	…	a_1	a_1+1	…	a_1+a_2	…	$\sum_{j=1}^{i-1} a_j+1$	…	$\sum_{j=1}^{i-1} a_j+a_i$	…	$\sum_{i=1}^{m-1} a_i+1$	…	$\sum_{i=1}^{m} a_i$

假设经过突防与反导拦截对抗后，编号为$f(a_1)$和$f(\sum_{j=1}^{i-1} a_j+1)$的2枚导弹被拦截了，分别对应编号为1和$i$的瞄准点。我们可以据此计算出相应的DPR值，但问题的关键在于如何计算出现这一事件的概率。

5.3.2　基本事件的确定

对于编号为i的瞄准点而言，只要知道分配给其的导弹的突防枚数，按式(5.18)就可以计算该段跑道被成功"切割"的概率，即

$$(P(i)=1-(1-P_0)^{n_i}) \tag{5.18}$$

因此，成爆弹量(突防)的基本事件共有$\prod_{i=1}^{m}(a_i+1)$种。

5.3.3　DPR的分布函数

令某枚导弹被拦截记为"0"，该枚导弹成功突防记为"1"，某次突防对抗的结果可表示成表5.7。

表 5.7　发射导弹编号与瞄准点对应关系表

瞄准点编号	1			2			…	i			…	m		
发射导弹编号	1	…	a_1	a_1+1	…	a_1+a_2	…	$\sum_{j=1}^{i-1} a_j+1$	…	$\sum_{j=1}^{i-1} a_j+a_i$	…	$\sum_{i=1}^{m-1} a_i+1$	…	$\sum_{i=1}^{m} a_i$
突防结果	1	…	0	1	…	1	…	0	…	1	…	1	…	1

令此事件记为$A_L, L=1,2,\cdots,\prod_{i=1}^{m}(a_i+1)$。统计此事件中"0"的个数，记为$K$，如果大于$N_b$，由于反导系统对来袭导弹的最大拦截能力不能超过其最大可发射反导导弹N_b枚，则$P(A_L)=0$；如果等于N_b，$P(A_L)=P_{xy}^{N_b}$；如果小于N_b，则$P(A_L)=C_{n_a-K}^{N_b-K}P_{xy}^{K}(1-P_{xy})^{N_b-K}$。按DPR的计算公式，计算相应的值，记为

DPR(A_L),可以表示为

$$P\{\text{DPR} = \text{DPR}(A_L)\} = P(A_L) \quad \left(L = 1,2,\cdots,\prod_{i=1}^{m}(a_i + 1)\right) \tag{5.19}$$

根据式(5.19),得到 DPR 的分布函数为

$$F_1(\text{DPR}) = P\{\text{DPR} \leqslant \text{DPR}(A)\} \tag{5.20}$$

5.3.4 DPR 分布密度的统计推断

大量的统计分析表明, 对于导弹的发射成功率、飞行成功率等成败型事件, 其参数大都服从于 Beta 分布[16],目前,在导弹武器定型时推断发射成功率、飞行成功率时,在工程应用上都是以假设这些参数服从于 Beta 分布为前提的。故我们在推断 DPR 的概率密度函数时,首先假设其近似服从 Beta 分布。

Beta 分布的密度函数为

$$f(x \mid a,b) = \frac{\Gamma(a+b)}{\Gamma(a)\cdot\Gamma(b)} \cdot x^{a-1} \cdot (1-x)^{b-1} \quad (0 < x < 1) \tag{5.21}$$

Beat 分布的均值和方差分别为

$$E(x) = \frac{a}{a+b} \tag{5.22}$$

$$\text{Var}(x) = \frac{ab}{(a+b)^2(a+b+1)} \tag{5.23}$$

我们需要对参数 a、b 进行推断。为此,对 DPR 的平均数 μ_1 和方差 σ_1^2 作点估计,分别为

$$\mu_1 = \sum_{L=1}^{n_K} \text{DPR}(A_L) \cdot P(A_L), n_L = \prod_{i=1}^{m}(a_i + 1) \tag{5.24}$$

$$\sigma_1^2 = \sum_{L=1}^{n_K} \text{DPR}(A_L)^2 \cdot P(A_L) - \mu^2 \tag{5.25}$$

建立关系式

$$\begin{cases} \dfrac{a}{a+b} = \mu_1 \\ \dfrac{ab}{(a+b)^2(a+b+1)} = \sigma_1^2 \end{cases} \tag{5.26}$$

可以求取参数 a、b,由于 $\text{MOP}_1 = \text{DPR}$,故最后得到 MOP_1 的分布密度函数为

$$f_1(\text{DPR}) = f_1(\text{MOP}_1) = \frac{\Gamma(a+b)}{\Gamma(a)\cdot\Gamma(b)} \cdot \text{MOP}_1^{a-1} \cdot (1 - \text{MOP}_1)^{b-1} \tag{5.27}$$

5.4　关于模型计算精度的说明

用解析法建立起来的跑道失效率计算模型,是存在系统误差的。造成这种误差的原因在于跑道各段的毁伤并不是相互独立的,而是相关的;人为地将跑道按瞄准点的不同划分为若干段,计算各段的毁伤概率,然后综合求出整条跑道被封锁的概率,会漏掉某些窗口。在本模型中,我们仅分析了当母弹弹着点在瞄准点附近 2 倍抛撒半径处移动时,会使该段跑道被成功“切割”。实际上,在存在多个瞄准点的情况下,即使母弹弹着点超出了瞄准点附近二倍抛撒半径外,导致该段跑道没能被成功“切割”。从整体上分析,由于其他瞄准点上的母弹同样存在着弹着点远离瞄准点的情况,可能使该段跑道被成功“切割”。因此,按本模型计算出来的结果,要略低于实际值,故要分析其计算的精度。

命题二:这里,我们给出了本模型的计算精度的估算公式,即

$$P_{精度} = \hat{\Phi}\left(\frac{\Delta L + R_W}{E}\right) = \hat{\Phi}\left(\frac{\Delta L + R_W}{0.57285849\text{CEP}}\right) \tag{5.28}$$

公式中各符号的含义见前面的公式。

证明:根据前面的分析,本模型在构建母弹有利弹着区,仅考虑了以瞄准点为中心的$(-\Delta L - R_W, \Delta L + R_W)$区域。在假设母弹落点服从正态分布的前提下,评估本解析模型的计算精度,实际上就是计算左右移动时,落入$(-\Delta L - R_W, \Delta L + R_W)$区域的概率。母弹弹着点的分布密度函数为

$$\hat{\varphi}(x) = \frac{\rho}{\sqrt{\pi}E}\exp\left[-\rho^2\left(\frac{x}{E}\right)^2\right] \tag{5.29}$$

则

$$P_{精度} = P(-\Delta L - R_W \leqslant x \leqslant \Delta L + R_W) \tag{5.30}$$

证毕。

根据该精度估算公式,我们可以计算出母弹抛撒半径 $R_P = 200\text{m}$,子弹毁伤半径 $R_h = 2\text{m}$,$\text{CEP} = 180\text{m}$,最小起降长度 $L_{\min} = 800\text{m}$,实际选取瞄准点间隔 $L_d = 700\text{m}$ 时的 DPR 计算精度,其值为 0.9519;即使实际选取瞄准点间隔按 750m 算,模型的计算精度仍有 0.9138。这样的计算精度是可以满足作战需要的。

利用以上所建立的解析模型,本章计算了一个在设定的攻防对抗环境下封锁把握程度的结果,并与统计试验法的结果进行了对比。从中可以看出,本章建立了封锁把握程度性能量度的解析模型,模型可信,较 M－C 方法、像素模拟仿真法等[31-32]统计试验法,精度高、速度快,能够满足导弹武器作战辅助决策的精度要求。

参考文献

[1] 程开甲,李元正,等. 国防系统分析方法(下册)[M]. 北京:国防工业出版社,2003.

[2] 石喜林,谭俊峰.飞机跑道失效率计算的统计试验法[J].火力与指挥控制,2000,25(1):56-59.

[3] 李增华,马亚龙.子母弹对机场跑道封锁的算法研究[J].系统仿真学报,2006,18(2):862-864.

[4] 宋光明,宋建设.导弹打击机场跑道的计算机模拟[J].火力与指挥控制,2001,26(4).

[5] 雷宁利,唐雪梅. 侵彻子母弹对机场跑道的封锁概率计算研究[J]. 系统仿真学报,2004,16(9):2030-2032.

[6] 张莉英,王辉,韩永军.侵彻子母弹对机场跑道封锁的毁伤仿真研究[J].战术导弹技术,2007(4):82-86.

[7] 黄寒砚,王正明,袁震宇,等.跑道失效率的计算模型与计算精度分析[J].系统仿真学报,2007,19(12):2661-2664.

[8] 舒健生,陈永胜.对现有跑道失效率模拟模型的改进[J].火力与指挥控制,2004,29(2):99-102.

[9] 寇保华,杨涛,张晓今,等.末修子母弹对机场跑道封锁概率的计算[J].弹道学报,2005,17(4):22-26.

[10] 梁敏,杨飞.机场封锁与反封锁对抗中的封锁效能计算模型[J].探测与控制学报,2003, 25 (2):50-54.

[11] 杨云斌,钱立明,屈明.反跑道集束战斗部毁伤概率研究[J].计算机仿真,2003,28(5):12-15.

[12] 李新其,谭守林. 椭圆散布下射向对跑道失效率影响研究[J].弹道学报,2006,18(2):84-87.

[13] 江民乐,高晓光. 战术导弹对机场攻击作战效能的计算机模拟[J].火力与指挥控制,1998,23(2):15-18.

[14] DRIELS M R, SHIN Y S. Determining the number of iterations for Monte Carlo simulation of weapon effectiveness: ADA423541[R], 2004.

[15] 邱成龙.地地常规导弹火力运用原理[M].北京:国防工业出版社,2001.

[16] 程开甲,李元正,等.发射试验结果分析与鉴定技术[M]. 北京:国防工业出版社,2006.

[17] 蔡良才.机场规划设计[M].北京:解放军出版社,2002.

[18] 中国军事百科全书编委会.中国军事百科全书[M].北京:军事科学院百科研究部,1998.

[19] 交通世界编辑部.我国机场飞行区等级区分及分级办法[J]交通世界,2013(17):35-36.

[20] DAVID Duncan. Rapid Runway Repair (RRR): An Optimization for Minimum Operating Strip Selection [D], Air University, Department of the Air Force, 2007.

[21] 李汉,蔡良才,郑汝海,等.飞机起飞着陆与起降带长度关系研究[J].机场工程,2004(1):5-10.

[22] 张臻,姜枫.打击机场跑道的瞄准点选择方法研究[J].信息化研究,2017,43(1):19-21.

[23] 杨世荣,王运吉,谢正强.多跑道机场最优瞄准点选择方法研究[J].火力与指挥控制,2000,25(2):53-56.

[24] 卜广志,张斌,师帅.战术导弹对机场跑道多波次打击时瞄准点选择方法[J].火力与指挥控制,2014(11):64-66.

[25] 杨军,毕义明,孙俊华.用遗传算法求解常规导弹封锁机场的最佳策略[J].军事运筹与系统工程,2001(2):4-8.

[26] 王华,马宝华.封锁机场多模弹药反排策略与对抗特性分析[J].弹箭与制导学报,2001(01):42-46.

[27] 王华,焦国太,宋丽萍.配用多模引信的多模弹药封锁机场模型研究[J].探测与控制学报,2003(03):17-20.

[28] 张建生,田鸿堂.飞航导弹子母弹对机场跑道封锁概率研究[J].战术导弹技术,2009(01):8-11.

[29] 殷志宏,崔乃刚,杨宝奎,等.空地导弹对机场封锁作战建模与仿真[J].系统仿真学报,2008(03):583-585.

[30] 王晓梅,高江,杨萍,等.子母战斗部对机场封锁概率的改进算法研究[J].系统仿真学报,2009,21(07):1859-1861.

[31] 李新其,王明海.子母弹对舰载机群毁伤计算的像素仿真法[J].系统仿真学报,2008,20(11):3062-3064.

[32] 王凤泰,唐雪梅.用像素模拟仿真法计算子母弹头的毁伤效率[J].现代防御技术,2000,28(5):29-35.

第6章　封锁时间解析模型的构建

跑道封锁时间是指跑道处于失效状态，无法起降飞机的时期，是衡量导弹封锁机场效果的另一重要性能量度，如何构建反映机场跑道封锁与反封锁对抗过程的封锁时间计算模型构建，关系效能评估成败。

自20世纪90年代以来，为解决侵彻子母弹对机场跑道毁伤效果的计算等作战运用问题，国内许多学者开始了导弹封锁机场跑道作战效能准则选取问题的研究。从公开发表的各类文献来看，当初主要选取跑道失效率为效能准则（或称其为毁伤效果指标）[1-5]；但是，失效率指标没有考虑跑道的可维修性，具有较大局限性，难以准确地描述子母式导弹武器对机场跑道的封锁效果。近年来，围绕效能准则选取的合理性及效能准则的建模等问题，出现了一些理论研讨性文章，提出用封锁时间和封锁概率同时刻画跑道封锁效果，并就封锁时间的建模问题进行了研究[6-7]。但从目前所能收集的文献来看，该方面的工作仍较零散，有些模型可能不甚严谨，难以满足作战效能分析的实际需要；有些设想的条件则与实际作战背景出入较大，影响了研究结果的可信性。

本章根据SEA效能分析的要求，结合现有研究成果[2]，将跑道封锁时间划分为跑道损毁情况判定、确定跑道抢修方案、排爆作业和弹坑修复4个时间环节[8-10]，首先推导出了多枚母弹解爆时命中跑道子弹数的解析计算公式，运用随机服务系统理论，重点构建了排爆作业和弹坑修复阶段的作业时间的计算模型，完成了封锁时间性能量度的完整解析模型的构建，并对封锁时间性能量度的概率密度函数进行了统计推断。

6.1　影响封锁时间的主要因素

对机场跑道进行封锁和对机场跑道进行抢修，其实是同一事物的正反两个方面。事实上，跑道修复了，也就意味着跑道封锁失效了。因此，最小跑道修复时间等同于跑道封锁时间。由于研究如何计算跑道封锁时间的文献较少，而国内外研究跑道（或机场道面）抢修的资料却很丰富，且数十年来研究未曾间断[11-21]；因此，考虑变化一个角度，从跑道抢修的角度研究封锁时间的影响因素及其封锁时间如何确定问题。

6.1.1　跑道抢修的目标与原则

跑道抢修的目标,在于抢修出一条可供飞机紧急起降的起降带。国际上将满足飞机起飞着陆要求,紧急修复的起降带称为应急起降带,即 Emergency Operation Strip,简称 EOS。

跑道抢修的原则,在于以最短的时间抢修一条能够满足驻场所有飞机以最大作战总重起降所需的最小起降带(Minimum Operating Strip,MOS)。一般而言,抢修时间最短,往往也意味着抢修工程量最小。因此,跑道抢修,旨在抢修出一条抢修工作量最小的应急起降带。

6.1.2　跑道抢修的组织程序

在机场道面抢修的组织流程上,国内外基本是一致的。机场抢修工作人员进行受损道面的抢修工作时,首先必须对机场受损道面进行情况侦察,然后进行道面损毁评估,在战损评估结果的基础上,结合机场保障任务的相应要求进行具体分析,最终在被损坏的跑道区域内确定一条最小起降带,并通过排除未爆弹和弹坑修复等过程快速地清理出该应急区域,用于保障各种战机短期飞行使用。道面修复流程如图6.1所示。

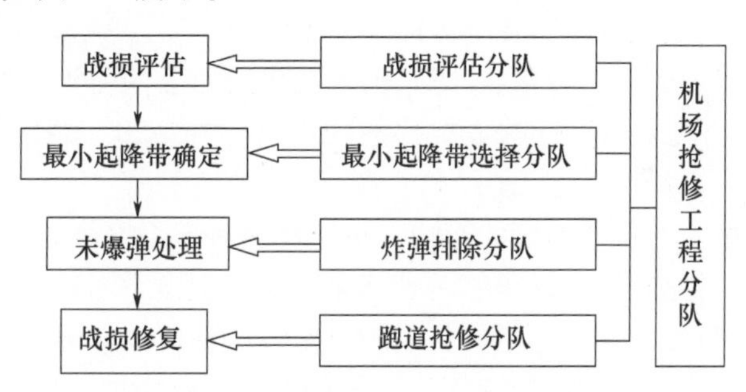

图6.1　机场道面修复流程示意图

机场跑道抢修组织程序,其实包含了著名的"OODA"环中的完整环节(OODA,即 Observe Orient Decide Action 的简称,又称"包以德循环",包含"查情—判断—决策—行动"循环过程),其抢修的组织流程是一种串行作业模式。其中,"查情"是指观察机场遭袭情况,"判断"是指对机场道面损毁程度进行评估,"决策"是指选择最小起降地带并制定抢修方案,"行动"是指排除未爆炸弹、跑道快速修复作业等。显然,跑道修复时间,应该是4个工作环节用时之和。

(1) 机场遭袭情况观察。在机场遭袭时,需要"查情"的内容主要包括对敌攻击武器进入的方向、批次、投弹的种类、数量、落地位置或区域进行观察;迅速查清机场道面上成爆弹的位置、弹坑深度与口部直径等信息;查清未爆弹药的种类、数量、落地位置;查清道面上的裂缝、隆起、坑槽等其他毁伤信息等。

(2) 机场道面损毁程度评估。在掌握道面损毁信息的基础上,一般需要对以下情况进行判断评估:一是修复各弹坑大致的工程量及所需的时间[20];二是排除未爆弹并修复弹坑所需工程量及时间;三是处理道面上的裂缝、隆起、坑槽所需的时间;四是综合上述抢修所需工程量信息,对跑道毁伤等级进行判断,如果是重度毁伤,原则上不进行修复。

(3) 选择最小起降地带并制定抢修方案。这是属于抢修的关键“决策”环节,其中最小起降带选择,技术难度大;抢修方案的制定,则与现场的抢修力量、抢修装备的类型和数量密切相关。最小起降带的确定直接关系到后续的未爆弹处理和战损修复等一系列机场抢修工作的实施[21]。

(4) 排除未爆炸弹及后续快速修复作业。这是属于抢修“行动”,包括根据需要组织未爆弹的排除,对弹坑进行处理,以及架设机动式飞机拦阻网、机场道面标识画线、机场应急供电保障、应急助航灯光布设等。

6.1.3 影响抢修速度的因素

影响机场道面应急抢修速度的因素主要集中在落入道面的弹头数量、抢修技术、抢修力量编制及抢修装备等方面。

(1) 落入道面的弹头数量。显然,落入机场道面上的弹头数量越多,形成的弹坑密度越大,在抢修 MOS 时,需要修复的弹坑同样亦多,工程量越大,所需时间越长。

(2) 抢修技术对抢修速度的影响。抢修技术对道面抢修的影响是显而易见的。为尽快修复被炸道面,以美军为代表的西方发达国家十分重视机场道面应急抢修工作,一直致力于道面抢修材料和抢修方法的研究。美军最初于 1930 年开发出穿孔钢板道面;20 世纪 50 年代系统研究了机场抢修的技术、设备和程序;60 年代研制成功 AM-2 铝道面板;60 年代至 70 年代,美、英两国空军一起研究了 FUN 快速跑道修理系统;在 70 年代中期,美国空军在佛罗里达州埃林空军基地空军试验场进行了弹坑抢修试验;80 年代,成立了专门的研究机构——空军工程与服务中心,不仅系统研究快速修复跑道技术、所需的设备和人力,也研究对部队进行快速抢修训练的方法。当前所采用的折叠式玻璃钢道面板抢修方法(该道面板由玻璃纤维和树脂复合而成,单板长 9m、宽 1.8m,9 块单板由弹性铰链连接成一组,亦可按照弹坑尺寸进行组装,便于储存和运输,主要用于战时抢修机场道面上的大弹坑,具有施工简便、速度快等优点,现已替代 AM-2 铝道面板)、机场综合抢修技术(简称 JRAC ,技术先进,机动性能强,可在现场进行探测作业,每隔2m采集一个GPS定位点,能把收到的数据传送到地理空间数据库,工效提高50%),以及级配碎石抢修方法和坑槽抢修方法等,大大提高了其抢修速度。美军早在2008年就已经在《美空军机场抢修手册》中将机场应急起降带抢修时间明确在了4h以内;十多年过去了,其机场跑道抢修时间可能已经缩短到了2h。

图6.2所示为美军铝道面板抢修流程。

图6.2　美军铝道面板抢修流程

(3)抢修力量编制及抢修装备对抢修速度的影响。显然,机场抢修力量配置越多,抢修装备越先进,则抢修速度必然越快。

在上述几个影响抢修速度的因素中,落入道面的子弹数量,是可以预算出来的,而该因素对抢修4个环节(查情、判断、决策和行动)的影响也最大,故列为主要变量;抢修技术对抢修4个环节的影响也很重要,但相对稳定,可以认为该因素造成的影响是一个定量;抢修力量编制及抢修装备,是难以掌握的,其影响总有一个极限值,故其影响可以设置成一个区间。

综合上述分析,跑道的抢修时间,应当是机场遭袭情况观察、道面损毁程度评估、抢修方案制定、排弹和修复几个环节用时的总和。观察和评估所需时间往往在某个区间内呈现正态分布或均匀分布,可以取一个均值;排除未爆弹和弹坑的修复,都有相应的标准。根据参考文献[8],跑道损毁情况的判断(含观察和评估)所需时间约为10min,最小起降带选择并确定抢修方案所需时间约为30min,单弹排除时间约为30min,首个弹坑修复时间约为65min,后续弹坑修复平均时间为35min。故真正对抢修时间具有最大不确定性的影响因素,还是MOS的选择以及MOS内弹坑(含未爆弹)的数量。

6.2 封锁时间性能量度 MOP_2 的映射

根据第4章中 MOP_2 的定义,可知封锁时间性能量度可用跑道失效时间表示,即

$$MOP_2 = T_s \tag{6.1}$$

根据前文的分析,跑道失效时间是跑道抢修过程中4个环节的时间之和,其关键在于如何确定排爆作业时间 T_c 和弹坑修复时间 T_r。在计算 T_c 和 T_r 之前,我们先给出与跑道失效时间相关的跑道命中子弹数 N 的计算方法。

6.2.1 命中跑道的子弹数

由于子弹在抛撒圆内是较为均匀散布的,因此,在求单枚母弹成爆时命中跑道的子弹数时,我们将抛撒圆看成是毁伤圆,通过计算毁伤圆与跑道的平均毁伤(覆盖)面积,实现求平均命中子弹数的目的。在计算矩形区被抛散圆覆盖的面积时,通常转化为两个相互独立的直线覆盖问题[22]。

1. 线目标平均相对覆盖的计算

命题三:设线目标长为 L,瞄准点取目标中心;毁伤半径为 R,导弹落点散布服从正态分布。弹着散布为圆散布,且以概率偏差 E 为散布指标,则平均相对覆盖长度 m_x 为

$$m_x = \frac{1}{x_1}\left[\hat{\psi}\left(\frac{x_1 + x_2}{2}\right) - \hat{\psi}\left(\frac{x_1 - x_2}{2}\right)\right] \tag{6.2}$$

其中

$$L = x_1 \cdot E, 2R = x_2 \cdot E$$

式中 $\hat{\psi}(x)$——简化的拉普拉斯函数的积分。

证明:令线目标与毁伤圆所重叠的部分为覆盖长度 l_x,l_x 与 L 的比值为相对覆盖长度 u_x,如图6.3所示。

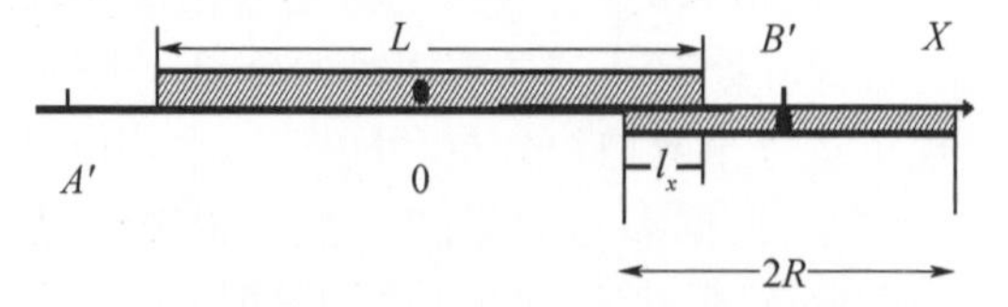

图6.3 线目标平均相对覆盖示意图

显然,u_x 的期望即为平均相对覆盖长度,即

$$m_x = E(u_x) = E\left(\frac{l_x}{L}\right) \tag{6.3}$$

弹着点的概率密度函数为

$$f(x) = \frac{\rho}{\sqrt{\pi}E}\exp\left[-\rho^2\left(\frac{x}{E}\right)^2\right] \tag{6.4}$$

$$\begin{aligned} m_x = {} & Z_x P_{mx} + \frac{L+2R}{2L}\left[\hat{\Phi}\left(\frac{L+2R}{2}\right) - \hat{\Phi}\left(\frac{L+2R}{2} - Z_x \cdot L\right)\right] \\ & - \frac{1}{\sqrt{\pi}\rho \cdot L}\left\{\exp\left[-\rho^2\left(\frac{L+2R}{2} - Z_x \cdot L\right)^2\right] - \exp\left[-\rho^2\left(\frac{L+2R}{2}\right)^2\right]\right\} \end{aligned} \tag{6.5}$$

注:目标长 L 与抛散半径 R 均以 E 为单位。

$2R<L$ 时,有

$$Z_x = \frac{2R}{L}, P_{mx} = \hat{\Phi}\left(\frac{L}{2} - R\right)$$

$2R=L$ 时,有

$$Z_x = 1, P_{mx} = 0$$

$2R>L$ 时,有

$$Z_x = 1, P_{mx} = \hat{\Phi}\left(R - \frac{L}{2}\right)$$

式中　$\hat{\Phi}(x)$——简化的拉普拉斯函数。

由于跑道长度远较抛散直径要长,故 $2R<L$ 时,有

$$Z_x = \frac{2R}{L}, P_{mx} = \hat{\Phi}\left(\frac{L}{2} - R\right) \tag{6.6}$$

纵轴的平均相对覆盖长度 m_x 为

$$\begin{aligned} m_x = {} & \frac{2R}{L} \cdot \hat{\Phi}\left(\frac{L}{2} - R\right) + \frac{L+2R}{2L}\left[\hat{\Phi}\left(\frac{L+2R}{2}\right) - \hat{\Phi}\left(\frac{L-2R}{2}\right)\right] \\ & - \frac{1}{\sqrt{\pi}\rho \cdot L}\left\{\exp\left[-\rho^2\left(\frac{L-2R}{2}\right)^2\right] - \exp\left[-\rho^2\left(\frac{L+2R}{2}\right)^2\right]\right\} \end{aligned} \tag{6.7}$$

令 $L=X_1 \cdot E, 2R=X_2 \cdot E$,则式(6.7)变为

$$m_x = \frac{X_1+X_2}{2X_1}\hat{\Phi}\left(\frac{X_1+X_2}{2}\right) - \frac{X_1-X_2}{2X_1}\hat{\Phi}\left(\frac{X_1-X_2}{2}\right) - \frac{\hat{\varphi}\left(\frac{X_1-X_2}{2}\right) - \hat{\varphi}\left(\frac{X_1+X_2}{2}\right)}{\rho^2 \cdot X_1} \tag{6.8}$$

由于

$$\hat{\psi}(x) = \int_0^x \hat{\Phi}(y)\mathrm{d}y = y\hat{\Phi}(y)\big|_0^y - \int_0^x \hat{\Phi}'(y)\mathrm{d}y = x\hat{\Phi}(x) - \frac{1}{\rho\sqrt{\pi}} + \frac{1}{\rho^2}\hat{\varphi}(x) \tag{6.9}$$

代入式(6.8),即得到式(6.2),证毕。

同理可得到跑道横轴的平均相对覆盖长度 m_y 的计算式。

令跑道宽为 B,$B = y_1 \cdot E$,$2R = x_2 \cdot E = y_2 \cdot E$,由于跑道横轴其宽度较抛散直径要小,因此,$Z_y = 1$,$P_{my} = \hat{\Phi}\left(R - \frac{B}{2}\right)$,故

$$m_y = \frac{1}{y_1}\left[\hat{\psi}\left(\frac{y_1 + y_2}{2}\right) - \hat{\psi}\left(\frac{y_2 - y_1}{2}\right)\right] \tag{6.10}$$

2. 平均命中跑道子弹数的计算

令跑道长为 L、宽为 B,携带子弹数为 N_0,则单枚母弹成爆时平均命中跑道子弹数的解析模型为

$$N = \frac{S}{\pi R^2} \cdot N_0 = \frac{m_x m_y L \cdot B}{\pi R^2} N_0 = \frac{L \cdot B \cdot N_0}{\pi E^2 X_2^2} m_x m_y = \frac{X_1 \cdot y_1 \cdot N_0}{\pi \cdot X_2^2} m_x m_y$$

$$= \frac{N_0}{\pi \cdot x_2^2}\left[\hat{\psi}\left(\frac{x_1 + x_2}{2}\right) - \hat{\psi}\left(\frac{x_1 - x_2}{2}\right)\right]\left[\hat{\psi}\left(\frac{y_1 + y_2}{2}\right) - \hat{\psi}\left(\frac{y_2 - y_1}{2}\right)\right] \tag{6.11}$$

3. 多枚母弹解爆时命中跑道子弹数的计算公式

由于最小起降窗口的长度要远大于导弹射击精度($L_{\min}$ 通常数倍于 CEP),当母弹偏离瞄准点达到数倍 CEP 时,是小概率事件(母弹弹着点距瞄准点不超过二三倍 CEP 分别占 0.937、0.9982);因此,即使在有多个瞄准点的情况下,仍然可以使用式(6.11)计算每枚母弹解爆时子弹命中跑道的数量。设有 n_x 枚母弹解爆,命中跑道的子弹总数为

$$N_x = n_x \cdot N \tag{6.12}$$

n_x 可按下式计算,即

$$n_x = \sum_{k=0}^{N_b} C_{N_b}^K \cdot (1 - P_{xy})^K \cdot P_{xy}^{N_b - K} \cdot (n_a - N_b + K) \tag{6.13}$$

证明:突防对抗环境依然如前所述,反导系统最大拦截能力不超过 N_b 枚,因此,N_b 枚导弹有 K 枚成功突防的概率服从二项分布,即

$$P(K) = C_{N_b}^K \cdot (1 - P_{xy})^K \cdot P_{xy}^{N_b - K} \tag{6.14}$$

前文已述,为获得较佳突防效果,导弹采用齐射方式,且齐射导弹数大于反导系统拦截能力。故发射 n_a 枚导弹,有 $n_a - N_b + K$ 枚导弹成功突防的概率即为

$$P(n_a - N_b + K) = C_{N_b}^K \cdot (1 - P_{xy})^K \cdot P_{xy}^{N_b - K} \tag{6.15}$$

导弹突防枚数的期望设为 n_x，得到式(6.15)，证毕。

6.2.2　延时子母弹排爆时间的计算模型

1. 排爆作业过程的描述

延时子母弹是指在延时引线的作用下，子弹侵彻跑道后按照预先装订的起爆时间在特定的时间内起爆，在破坏跑道的同时，杀伤抢修人员及设备，以阻止或迟滞跑道抢修力量对跑道的抢修作业[7]。为构建延时子母弹排爆时间的计算模型，我们先做出如下假设。

(1) 攻方在对机场跑道进行打击时，可单独使用侵彻子母弹，也可组合使用延时子母弹，侵彻子母弹中的子弹成爆率为 P_x，未爆子弹和延时子母弹都视为排爆对象。

(2) 所投放的所有子弹(包括延时子母弹和侵彻子母弹)在跑道上分布均匀，且弹坑不重合。

(3) 为保证跑道在最短时间内恢复一定的起降能力，排爆分队仅对某块能够满足飞机最小起降要求的矩形区域进行排爆作业。

(4) 延时子母弹在跑道排爆抢修分队作业过程中起爆时，其效果最佳，起爆时间按正态分布模型装订，即在侵彻跑道 35 ~ 65min 的时间范围，以均值为 50min，标准差为 5min 进行装订。

(5) 机场排爆分队有 $N_{\max i}$ 组人机系统，每组均可独立作业(或并行作业)，每组系统可经受 k 次毁伤。

(6) 延时子母弹的反排概率为 r，每个排爆小组排除 1 枚延时子母弹的平均时间为 t，并定义一轮排爆任务，是指各排爆小组同时开始排爆，每组都排完一枚未爆弹或延时子母弹所需的时间，可以认为每轮的时间均相同，都为 t。

(7) 当全部排爆小组都被炸毁，排爆作业视为瘫痪，停止排爆，弹坑抢修分队直接开始作业。

2. 排爆时间建模

根据前文中命中跑道子弹数的计算方法，结合假设二，可以得到某块最小起降窗口区域内实际含有的未爆侵彻子母弹和延时子母弹的总数，设为 M。$N_{\max i}$ 个排爆小组完成第一轮排弹任务时，共排除 $N_{\max i}$ 枚，其中反排成功的弹为 $N_{\max i}(1-r)$ 个，则有 $N_{\max i}r$ 个排爆小组受到一次损伤，即每组受损伤概率为 r。由于每个排爆小组可承受 k 次损伤，不妨定义每个小组的受损伤状态集为 $E=\{S_0,S_1,\cdots,S_k\}$。对于任意一个排爆小组在排除 n 枚弹时，所处的状态是一个随机变量，记为 X_n。由于对任意 $n\geqslant1$，该小组的状态值都只与前一轮状态值有关，

故这是一个马尔可夫链[20]，相应的转移概率矩阵为

$$
\boldsymbol{P}=\begin{bmatrix} 1-r & r & 0 & \cdots & 0 & 0 \\ 0 & 1-r & r & 0 & \cdots & 0 \\ 0 & 0 & 1-r & r & 0 & \cdots \\ \vdots & \vdots & \vdots & \vdots & & \vdots \\ 0 & 0 & 0 & \cdots & 1-r & r \\ 0 & 0 & 0 & \cdots & 0 & 1 \end{bmatrix} \tag{6.16}
$$

则在进行了 n 轮排爆任务后，第 n 步转移概率矩阵为

$$
\boldsymbol{P}^{(n)}=\boldsymbol{P}^{(n-1)}\cdot\boldsymbol{P}=\boldsymbol{P}^{n-1}\cdot\boldsymbol{P}=\boldsymbol{P}^{n}
$$

$$
\boldsymbol{P}^{(n)}=\begin{bmatrix} (1-r)^{n} & C_n^1 r(1-r)^{n-1} & C_n^2 r^2(1-r)^{n-2} & \cdots & C_n^{k-1}r^{k-1}(1-r)^{n-k+1} & r^k\sum\limits_{i=k-1}^{n-1}C_i^{k-1}(1-r)^{i-k+1} \\ 0 & (1-r)^n & C_n^1 r(1-r)^{n-1} & \cdots & C_n^{k-2}r^{k-2}(1-r)^{n-k+2} & r^{k-1}\sum\limits_{i=k-2}^{n-1}C_i^{k-2}(1-r)^{i-k+2} \\ 0 & 0 & (1-r)^n & \cdots & C_n^{k-3}r^{k-3}(1-r)^{n-k+3} & r^{k-2}\sum\limits_{i=k-3}^{n-1}C_i^{k-3}(1-r)^{i-k+3} \\ \vdots & \vdots & \vdots & & \vdots & \vdots \\ 0 & 0 & 0 & \cdots & (1-r)^n & r\sum\limits_{i=0}^{n-1}(1-r)^i \\ 0 & 0 & 0 & \cdots & 0 & 1 \end{bmatrix} \tag{6.17}
$$

记 $P_i^{(n)}$ 为某个排爆小组在完成第 n 轮排爆后所处的第 i 个状态的概率（其中，当 $n<i$ 时，$P_i^{(n)}=0$），则由转移概率矩阵可得到在完成第 n 轮排爆作业任务时处于各个状态的排爆小组的数量。

$N_{\text{max}i}$ 个排爆小组处于状态 S_i 的有

$$
S_k: N_{\text{max}i}P_k^{(n)}=N_{\text{max}i}\sum_{i=k-1}^{n-1}r^kC_i^{k-1}(1-r)^{i-k+1}=N_{\text{max}i}r\sum_{i=k-1}^{n-1}P_{k-1}^{(i)}
$$

$$
S_{k-1}: N_{\text{max}i}P_{k-1}^{(n)}=N_{\text{max}i}C_n^{k-1}r^{k-1}(1-r)^{n-k+1}
$$

$$
\cdots
$$

$$
S_1: N_{\text{max}i}P_1^{(n)}=N_{\text{max}i}C_n^1 r(1-r)^{n-1}
$$

$$
S_0: N_{\text{max}i}P_0^{(n)}=N_{\text{max}i}C_n^0(1-r)^n
$$

当所有的排爆小组都处于 S_k 状态时，有

$$
N_{\text{max}i}P_k^{(n)}=N_{\text{max}i}\sum_{i=k-1}^{n-1}r^kC_i^{k-1}(1-r)^{i-k+1}\approx N_{\text{max}i} \tag{6.18}
$$

$N_{\text{max}i}$ 个小组参与第 n 轮时所排除的弹数为

$$N_0 = \begin{cases} N_{\max i} & (n \leqslant k) \\ N_{\max i} \sum_{j=0}^{k-1} P_j^{(n-1)} & (n > k) \end{cases} \tag{6.19}$$

完成第 n 轮排爆作业时所排除的弹数为

$$N = \begin{cases} nN_{\max i} & (n \leqslant k) \\ 4N_{\max i} + N_{\max i} \sum_{i=k}^{n} \sum_{j=0}^{k-1} P_j^{(n-1)} & (n > k) \end{cases} \tag{6.20}$$

完成第 n 轮排爆作业所用的时间为

$$T_c(n) = nt \tag{6.21}$$

比较 M 与 N,当 $M = N$ 时,表示完成了最小起降区域的排爆工作。

6.2.3 弹坑修复时间的计算模型

1. 弹坑抢修过程的描述

弹坑抢修过程是指跑道抢修分队在抢修区域内填补弹坑,修复道面的过程。在前文中我们对机场封锁与反封锁对抗过程的 4 个阶段进行了描述,在此基础上给出如下假设。

(1) 为保证跑道在最短时间内恢复一定的起降能力,跑道抢修分队采取重点抢修策略,即弹坑抢修分队的作业区域为某块能够满足飞机最小起降要求的矩形区域。

(2) 最小起降区域内需修复的弹坑总数应为已爆侵彻子弹(其成爆率为 P_x)与排爆失败后延时子弹弹坑数(其反排概率为 r)之和,令 N_{x1}、N_{x2} 分别为落入跑道的侵彻、延时子母弹总数,则弹坑总数为

$$N_{\min} = \frac{L_{\min} \cdot B_{\min}}{L \cdot B}(N_{x1} \cdot P_x + N_{x2} \cdot r) \tag{6.22}$$

(3) 跑道抢修分队的编组能力视子母弹战斗部的毁伤威力的不同而相应变化,对第 i 型战斗部,可编成 $M_{\max i}$ 个组,由于不同型号战斗部对跑道的毁伤能力相差很大,机场抢修分队抢修时的工作量差别也很大,故进行这样的假设是必要的。

(4) 各个修复分队可并行作业,且修复弹坑的能力相同。

(5) 每个抢修分队修复弹坑的时间服从于(α_i, β_i)间的均匀分布。

2. 弹坑修复时间建模

在求弹坑修复时间之前,我们先证明下式。

命题四:已知随机变量 X 的概率密度函数为 $f_X(x)$,分布密度为 $F_X(x)$。令

取出容量为 N 的 X 个样本,分别记为$\{x_1,\cdots,x_n)$,则其中的最大值 $\max\{x_1,\cdots,x_n\}$的概率密度函数为

$$f_Y(y) = N\cdot[F_X(y)]^{N-1}\cdot f_X(y) \tag{6.23}$$

证明:令 $Y=\max\{x_1,\cdots,x_n\}$,则其分布密度为

$$\begin{aligned} F_Y(y) &= P_r(Y\leqslant y) = P_r(x_1\leqslant y,\cdots,x_n\leqslant y) \\ &= P_r(x_1\leqslant y)\cdots P_r(x_n\leqslant y) = [F_X(y)]^N \end{aligned} \tag{6.24}$$

故其概率密度函数为

$$f_Y(y) = N\cdot[F_X(y)]^{N-1}\cdot f_X(y) \tag{6.25}$$

特殊地,当 X 服从均匀分布时,有

$$f_X(x) = \frac{1}{\beta-\alpha} \quad (\alpha\leqslant x\leqslant\beta) \tag{6.26}$$

$$F_X(x) = \frac{x-\alpha}{\beta-\alpha} \quad (\alpha\leqslant x\leqslant\beta) \tag{6.27}$$

经简化,即得到下式,即

$$f_Y(y) = N\cdot\frac{1}{(\beta-\alpha)^N}(y-\alpha)^{N-1} \tag{6.28}$$

证毕。

根据式(6.28),结合上述假设可以计算出重点抢修策略下的弹坑修复时间 T_r 的概率密度函数。

如果 $N_{\min}\leqslant M_{\max i}$,则

$$f_r(T_r) = N_{\min}\cdot\frac{1}{(\beta_i-\alpha_i)^{N_{\min}}}(T_r-\alpha_i)^{N_{\min}-1} \tag{6.29}$$

如果 $N_{\min}>M_{\max i}$,令 $M=\left[\frac{N_{\min}}{M_{\max i}}\right]$($N_{\min}$、$M_{\max i}$间求整数),其余数为 $M_1=N_{\min}-M\cdot M_{\max i}$,可以认为前 M 轮弹坑修复时间 T_{r1}的概率密度函数为

$$f_{r1}(T_{r1}) = M_{\max i}\cdot\frac{1}{(\beta_i-\alpha_i)^{M_{\max i}}}(T_{r1}-\alpha_i)^{M_{\max i}-1} \tag{6.30}$$

最后一轮修复时间 T_{r2}的概率密度函数为

$$f_{r2}(T_{r2}) = M_1\cdot\frac{1}{(\beta_i-\alpha_i)^{M_1}}(T_{r2}-\alpha_i)^{M_1-1} \tag{6.31}$$

累计弹坑修复时间 T_r 为

$$T_r = M\cdot T_{r1}+T_{r2} \tag{6.32}$$

由于 $T_{r2}<T_{r1}$,故 $M\cdot T_{r1}<T_r<(M+1)\cdot T_{r1}$,考虑到激烈对抗环境对作业人员心理上的震慑作用,如作业人员因精神紧张而导致操作失误、效率降低等,故

可认为实际修复时间应不低于式(6.32)计算出的时间,可认为

$$T_r \approx (M+1)\cdot T_{r1} \tag{6.33}$$

根据连续型随机变量分布密度求取的方法[23],可以推导 T_r 的概率密度函数为

$$f_r(T_r) = \frac{M_{\mathrm{max}i}}{M+1}\cdot\frac{1}{(\beta_i-\alpha_i)^{M_{\mathrm{max}i}}}\left(\frac{T_r}{M+1}-\alpha_i\right)^{M_{\mathrm{max}i}-1} \tag{6.34}$$

6.2.4　跑道失效时间的计算公式

根据前文分析,显然,跑道失效时间应为判定跑道损毁情况、确定应急跑道抢修方案、排爆作业和弹坑修复 4 个部分时间之和,有

$$T_s = T_j + T_p + T_c + T_r \tag{6.35}$$

其中,判定跑道损毁时间 T_j、确定应急跑道抢修方案时间 T_p 都为定值。

6.3　MOP_2 的分布特性

由式(6.29)、式(6.34)、式(6.35)可推导得 MOP_2 的概率密度函数为

$$f_2(\mathrm{MOP}_2) = f_2(T_s) = \begin{cases} N_{\min}\cdot\dfrac{1}{(\beta_i-\alpha_i)^{N_{\min}}}(T_s-T_j-T_p-T_c-\alpha_i)\,N_{\min}-1 & (N_{\min}\leqslant M_{\mathrm{max}i}) \\ \dfrac{M_{\mathrm{max}i}}{M+1}\cdot\dfrac{1}{(\beta_i-\alpha_i)^{M_{\mathrm{max}i}}}\left(\dfrac{T_s-T_j-T_p-T_c}{M+1}-\alpha_i\right)^{M_{\mathrm{max}i}-1} & (N_{\min}>M_{\mathrm{max}i}) \end{cases} \tag{6.36}$$

其均值为

$$E(\mathrm{MOP}_2) = E(T_s) = \begin{cases} \dfrac{\beta_i\cdot N_{\min}+\alpha}{N_{\min}+1}+T_j+T_p+T_c & (N_{\min}\leqslant M_{\mathrm{max}i}) \\ (M+1)\,\dfrac{\beta_i\cdot M_{\mathrm{max}i}+\alpha}{M_{\mathrm{max}i}+1}+T_j+T_p+T_c & (N_{\min}>M_{\mathrm{max}i}) \end{cases} \tag{6.37}$$

6.4　几点说明

(1) 在机场遭受攻击后,机场毁损情况判定系统完成判定所需时间 T_j 及机场确定应急跑道抢修方案需要时间 T_p 往往并不是固定的,这里,为简化问题,都取其均值。如果能给定 T_j、T_p 的概率密度函数,可以根据随机变量和的卷积公

式,获得更为精确的跑道失效时间 T_s 的概率密度函数。

(2) 如果直接根据式(6.32),利用随机变量和的卷积公式[23]推导累计弹坑修复时间 T_r 的概率密度函数,其结果非常复杂;因此,对最后一轮修复时间 T_{r2} 进行了简化处理。考虑到实际对抗过程中某些不确定因素的存在对跑道修复时间的影响,这种简化是合理的。

至此,本文完成了系统映射过程的全部分析及建模工作,但如何利用SEA方法的计算结果,怎样对导弹作战运用问题进行定性定量分析,将在第7章重点介绍。

参考文献

[1] 王华.封锁机场多模弹药与多模引信系统分析[R].北京:中国国防科学技术报告,1997.

[2] 李新其,王明海.导弹封锁机场跑道作战效能准则问题研究[J].情报仿真学报,2007,29(4):50-54.

[3] 石喜林,谭俊峰.飞机跑道失效率计算的统计试验法[J].火力与指挥控制,2000,25(1):56-59.

[4] 李增华,马亚龙.子母弹对机场跑道封锁的算法研究[J].系统仿真学报,2006,18(2):862-864.

[5] 程开甲,李元正,等. 国防系统分析方法(下册)[M]. 北京:国防工业出版社,2003.

[6] 王志军,王瑞臣.反机场武器对跑道的空间与时间封锁效率分析[J].华北工学院学报,2001,22(3):165-169.

[7] 梁敏,杨骅飞.机场封锁与反封锁对抗中的封锁效能计算模型[J].探测与控制学报,2003,25(2):50-54.

[8] WILLIAM T, AlAN H. Modeling runway damage and repair the simulation of linear interdiction, cratering, and repair using (S11-CR) model: ADA447981[R], 2005.

[9] 黄龙华,冯顺山,樊桂印.封锁型子母弹对机场的封锁效能[J].弹道学报,2007,19(3):49-52.

[10] 黄寒砚,王正明.子母弹对机场跑道封锁时间的计算方法与分析[J].兵工学报,2009,30(3):295-300.

[11] KENNEDY R P. A review of procedures for the analysis and design of concrete structures to resist missile impact effect[J]. Nuclear Engineering&Design, 1976, 37: 183-203.

[12] LONGSCOPE D B, FORRESTAL M J. Penetration into targets described by a mohr-coulomb failure critering with tension cutoff[J]. Journal of Applied Mechanics, 1983, 50: 327-333.

[13] BROWN S J. Energy release protection for pressurized systems(Ⅱ): Review of studies into impact/terminal ballistics[J]. Applied Mechanics Rev, 1986, 39(2): 177-201.

[14] FORRESTAL M J, TZOU D Y. A spherical cavity-expansion penetration model for concrete targets[J]. International Journal of Impact Engineering, 1997, 34(31-32): 4127-4146.

[15] Department of Defense, Unified Facilities Criteria (UFC), Airfield Damage Repair[R], 2003.

[16] DAVID Duncan. Rapid Runway Repair (RRR): An Optimization for Minimum Operating Strip Selection

[D], Air University, Department of the Air Force, 2007.

[17] U. S. Department of Transportation, Guidelines and Procedures for Maintenance of Airport Pavements[S], 2014.

[18] Department of the Air Force, Minimum Airfield Operating Surface (MAOS) Selection and Repair Quality Criterial (RQC)[S], 2016.

[19] Defence Support and Reform Group, Airfield Pavement Maintenance Manual[S], Australian: Department of Defence, 2015.

[20] 魏武,杨文山,张北光,等.弹坑回填方法试验研究[J].机场工程,2004(B 05):23-39.

[21] 许巍,岑国平. 机场最小起降带的计算机辅助优选[J]. 空军工程大学学报,2003 (2):20-23.

[22] 程云门. 评定射击效率原理[M]. 北京:解放军出版社,1995.

[23] 汪荣鑫.随机过程[M]. 西安:西安交通大学出版社,1987.

第 7 章　SEA 方法的应用实例

为了系统地研究常规导弹封锁机场跑道作战效能,在前述章节所建立系统效能模型的基础上,本章详细阐述如何利用 SEA 方法对导弹封锁机场作战运用中耗弹量计算、打击效果评估、火力方案筹划选优及武器系统效费分析等方面问题进行定量分析。通过典型实例,进一步分析不同作战环境下影响导弹武器作战效能的因素及提高作战效能的途径。

7.1　概　　述

作战效能的分析与评价是军事运筹学的一项基础研究内容[1],尽管在军事运筹中给出了适用于一般情况下的作战效能分析方法与步骤[2-3],但对作战效能分析理论研究的基本问题,即哪些问题是作战效能分析领域内基本的研究内容,却没有提及。长期以来,虽然研究各类型武器作战效能模型的文章并不少见,但对于作战效能分析理论的基本问题却少有研究[4]。传统上的武器系统效能分析的目的,主要还是为武器系统研制、规划及配置提供一个可进行优劣对比的基本依据[5],故其应用领域主要还是在装备的发展论证上[6]。在武器定型并装备部队之后,从作战使用的角度上来说,再进行武器性能的比较已无此必要,因为武器使用者关注的是使用列装武器完成指定作战任务的把握程度[7],此时,作战效能研究应侧重于分析不同作战环境下影响武器作战效能的因素,并研究提高武器系统作战效能的有效途径[8]。就导弹封锁机场跑道而言,攻方关心的问题通常有以下几方面。

(1) 在明确系统结构、环境、使命,并给出各类原始参数信息后,如何对武器完成作战任务的把握程度做出评估?

(2) 在给定效能指标条件下,如何求取待定的参数组(主要是指弹型弹量等计算问题)?

(3) 如何对各种打击方案的优劣进行评估,从而为导弹武器火力运用提供可靠的理论依据和切实可行的辅助决策信息?

从上述问题出发,我们将导弹作战效能分析理论的基本任务归纳为 4 个方面,即效能(任务)评估、弹量计算、效费分析及方案选优[9]。本章将结合实例,详细阐述如何运用SEA方法解决这四类问题。应预先说明的是,本章计算所采用的相关数据,全部来源于公开发表的文献资料,在文中亦已进行了标识,只是为了验证模型的正确性,数据本身无任何参考意义。

7.2　评估导弹武器完成封锁机场跑道的把握程度

评估武器系统完成任务的把握程度,是作战效能分析的首要问题,又称其为作战效能分析的正问题[10]。

例1　评估单独使用侵彻类子母弹封锁机场的作战效能。

导弹武器参数做出如下假定:

CEP为100m;装填子弹数120枚[11];子弹群抛撒半径可在100~300m选择;发射成功率;飞行成功率;子弹成爆率为100%。

其他环境原始参数如下:

守方的反导系统对攻方导弹的拦截概率为P_{xy},假定可同时最大拦截导弹枚数不超过3枚;子弹对跑道的平均毁伤面积为S_h,同时抢修弹坑数量为M_{maxi},服从(α,β)间的均匀分布。

跑道长、宽:3658m×45m;

最小起降窗口长度$L_{min}=800$m,宽度$B_{min}=20$m;

抢修参数:判定跑道损毁情况时间$T_j=0.5$h、确定应急跑道抢修方案时间$T_p=1$h;

作战任务要求:以0.9的把握封锁机场90min。

今按表7.1选取并分配弹量及选择瞄准点(瞄准点选择方法详见参考文献[12-13]),试评估该型号武器完成任务的把握程度。

表7.1　弹量分配方案表

方案＼位置	(-1463.2,0)	(-731.6,0)	(0,0)	(731.6,0)	(1463.2,0)
方案1	2	2	1	2	2
方案2	2	2	2	2	2
方案3	3	2	2	2	2
方案4	3	2	2	2	3
方案5	3	2	3	2	3

按照本文给出的模型，经计算得到表7.2的结果，其中，结果用二维数组表示，分别对应于不同抛撒半径、弹量方案下，完成指定封锁任务的把握程度。

表7.2 不同抛撒半径、弹量分配方案下封锁效能计算结果

方案＼半径	290	270	250	230	210
方案1	81.6757	82.4604	83.0329	83.3142	82.7520
方案2	81.5325	82.6352	82.6974	83.6853	84.1541
方案3	83.3732	83.8314	85.2304	84.5770	86.0871
方案4	85.2330	86.1385	87.3656	87.3720	87.2505
方案5	86.0997	86.5143	87.5552	88.7684	87.8452
方案＼半径	190	170	150	120	
方案1	84.0745	84.1512	83.9592	83.2049	
方案2	84.0712	83.7287	84.8460	83.9346	
方案3	86.1429	85.6348	86.9196	85.7110	
方案4	88.5701	87.7510	88.8303	87.9382	
方案5	87.9140	89.2554	87.9608	87.4684	

例2 评估组合使用侵彻类子母弹和延时类子母弹封锁跑道的作战效能。

侵彻子母弹武器参数同上，延时子母弹武器参数假设如下：

精度CEP = 100m；装填子弹数120枚；子弹群抛撒半径在100 ~ 300m之间选择[14]；瞄准点选取及弹量分配方案同上。

作战任务要求：以0.8的把握封锁机场120min。

经计算，其结果如表7.3所列。

表7.3 不同抛撒半径、弹量分配方案下子母弹封锁效能计算结果

方案＼半径	290	280	270	260	240
方案1	82.1443	81.8228	80.9193	82.3829	83.3805
方案2	81.7032	80.3130	81.8221	82.1706	83.4415
方案3	83.2915	83.9730	84.4522	83.7947	85.2445
方案4	85.8298	84.9296	86.1062	86.6054	87.2632
方案5	86.3493	85.6697	85.6126	87.7982	87.2325

（续）

方案 \ 半径	220	200	170	140	
方案 1	82.6745	83.1478	83.9145	83.5355	
方案 2	83.2646	84.3951	83.0471	84.4422	
方案 3	86.3247	86.3143	86.8807	86.0452	
方案 4	88.0363	88.1532	88.1167	88.3012	
方案 5	87.8852	87.1313	88.5453	88.2546	

为了更好地对比不同方案的封锁效能，作出了表 7.3 的条形图 7.1。从图 7.1 可以看出，不同抛洒半径中，方案 5 几乎是最好的方案；再通过表 7.3 分析发现，不同方案中，抛洒半径在 200m 左右是最好的。

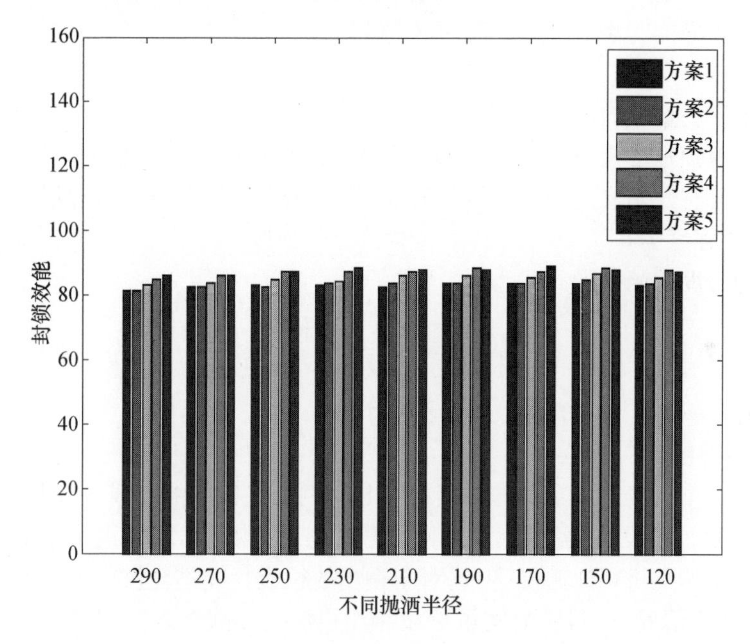

图 7.1　不同抛撒半径、弹量分配方案下 DXXA27.5kg 子母弹封锁效能计算结果（单位：%）

7.3　计算完成特定任务所需的武器数量

耗弹量的计算问题，是指在给定武器型号和作战任务要求的情况下，计算完成该任务所需的武器数量。这其实是前一个问题的反问题,前者是在给定条件下对作战效能进行估计,后者则是应用作战效能分析理论求出一些在给定效能指标条件下的待定参数组来。

对于单波次打击方案而言,耗弹量的计算问题相对要简单一些,只需在瞄准点上逐枚增加发射弹量,计算并比较效能值,直到满足规定的要求即可。但对于多波次打击或需要使用不同类型导弹武器组合打击的情况,计算完成任务的弹量问题,则要复杂得多,为此,我们先建立如下新概念。

1. 封锁强度

我们用对机场的封锁强度来衡量跑道遭受导弹打击后,机场起降能力受损的程度,封锁强度越大,起降能力越低。封锁强度与落入跑道的子弹的密集度、弹坑的大小及分布的均匀程度有关,由于跑道失效率指标能够很好地体现落入跑道中子弹密度和均匀度与跑道失效间的关系,因此,我们认为可以直接用DPR表征跑道起降能力受损的程度,DPR值越大,跑道受损越严重,说明封锁强度越大[15]。

封锁强度量化的原则如下。

(1)封锁强度是一个随时间的延长而不断减少的[0,1]之间的函数。

(2)没有开始修复弹坑时,封锁强度等于跑道失效率DPR,出现最小起降窗口时,封锁强度为0。

封锁强度的函数形式为[16]

$$Q(t) = \begin{cases} \mathrm{DPR}, & t \leqslant T_s \\ 0, & t > T_s \end{cases} \tag{7.1}$$

式中 T_s——跑道失效时间。

2. 封锁量

由于一个机场所担负的作战任务不是一两架飞机所能完成的,因此,即使在某个较小的时间段内,经过跑道抢修分队的努力,跑道出现了最小起降窗口,使得少数架次的飞机得以起降,但这对于整个战役进程并不会发生大的改变,也就是说,在某些情况下,封锁时间虽然没有严格满足作战要求的封锁时限,却也并不能认为封锁完全失败。可见,使用跑道封锁时间和封锁把握作为效能指标,并以二者同时满足规定的任务要求作为衡量完成封锁任务的依据,与机场封锁作战的实际要求,并不相符。为此,引入封锁量这一概念。封锁量是指封锁强度在封锁时间内的积分(或封锁强度的时间延续),我们用封锁量作为导弹封锁跑道的任务量指标,用它来衡量完成任务的程度。封锁量的函数形式为

$$W = \int_0^{T_s} Q(t)\,\mathrm{d}t = \mathrm{DPR} \cdot T_s \tag{7.2}$$

在前文的分析中，我们已经指出，DPR 近似服从 Beta 分布，其分布密度函数为

$$f_1(\mathrm{DPR}) = \frac{\Gamma(a+b)}{\Gamma(a)\cdot\Gamma(b)}\mathrm{DPR}^{a-1}\cdot(1-\mathrm{DPR})^{b-1} \tag{7.3}$$

T_s 服从正态分布，其密度函数为 $f_2(T_s)$，故根据卷积公式，可推知 W 的概率密度函数为

$$f_W(W) = \begin{cases} \dfrac{K\cdot N_{\min}}{(\beta_i-\alpha_i)^{N_{\min}}}\displaystyle\int_{C+\alpha_i}^{C+\beta_i}(T_s\cdot W)^{a-1}(1-T_s\cdot W)^{b-1}\left(\frac{1}{T_s}-C-\alpha_i\right)^{N_{\min}-1}\frac{1}{T_s^2}\mathrm{d}T_s \\ \qquad (N_{\min}\leqslant M_{\max i}) \\ \dfrac{K\cdot M_{\max i}}{(M+1)(\beta_i-\alpha_i)^{M_{\max i}}}\displaystyle\int_{C+M\alpha_i}^{C+M\beta_i}\frac{(T_s\cdot W)^{a-1}(1-T_s\cdot W)^{b-1}}{T_s^2}\left(\frac{\frac{1}{T_s}-C}{M+1}-\alpha_i\right)^{M_{\max i}-1}\mathrm{d}T_s \\ \qquad (N_{\min}>M_{\max i}) \end{cases} \tag{7.4}$$

其中

$$K = \frac{\Gamma(a+b)}{\Gamma(a)\cdot\Gamma(b)}$$

$$C = T_j + T_p + T_c$$

如果作战任务的封锁时间为 T_K，封锁强度为 DPR_K，则封锁量为 $W_K = T_K\cdot\mathrm{DPR}_K$，完成此任务量的概率即为完成任务的把握程度，故

$$E = P\{W\geqslant W_K\} = 1-P\{W<W_K\} = 1-\int_0^{W_K}f_w(W)\mathrm{d}W \tag{7.5}$$

当把握程度无法满足要求的程度时，则增加弹量，用迭代法求解求出最优解。

例 3　单波次单一型号导弹武器打击中的弹量计算问题。

根据例 1 所给出的导弹武器参数及目标参数，计算导弹武器以 0.8 的封锁强度，封锁机场跑道时间分别为 60min、75min、90min，完成任务的把握程度都为 0.8 时，所需的弹量应及抛撒半径。

经计算，以 0.8 的把握程度封锁例 1 机场目标 60min、75min、90min，所需弹量不得少于 7 枚、8 枚、10 枚，最佳抛撒半径为 256.8m[17]。

例 4　单波次多型号导弹武器混合打击中的弹型弹量计算问题。

在某次对机场的火力打击中，可同时使用某种轻型子母弹和中型子母弹打击机场跑道。试分析以轻型子母弹和中型子母弹共 10 枚对前例中的机场跑道进行混合打击，计算总封锁时间不低于 90min，封锁强度达到 0.8 的最优弹型弹量选择方案。

其中，轻型子母弹和中型子母弹[11,14,17-21]的起算数据假定如下：

轻型子母弹导弹武器的参数设为:CEP 为 100m;装填子弹数 200 枚;子弹群抛撒半径可在 100 ~ 300m 选择;每枚子弹的封锁时间为 10min。

中型子母弹导弹武器参数设为:CEP 为 100m;装填子弹数 100 枚;子弹群抛撒半径可在 100 ~ 300m 选择;每枚子弹的封锁时间为 20min。

经计算,得到不同弹型弹量下的计算结果,如表 7.4 所列。

表 7.4 不同弹型弹量下的计算结果表

A 弹量	3	4	5	6	7
封锁强度	0.35	0.45	0.55	0.6	0.65
B 弹量	7	6	5	4	3
封锁强度	0.75	0.70	0.65	0.45	0.35
完成任务的把握程度	0.8375	0.835	0.8425	0.78	0.7725

从数据中可分析,以 0.8 的把握程度封锁例 1 机场目标 60min、75min、90min,所需弹量不得少于 9 枚、10 枚、11 枚,最佳抛撒半径为 210 ~ 220m。

通过大量仿真计算得到封锁量与封锁把握程度的曲线如图 7.2 所示,通过该图还可以得到一个重要结论:当封锁量达到 12 枚以后,封锁把握程度几乎就不再增长了。

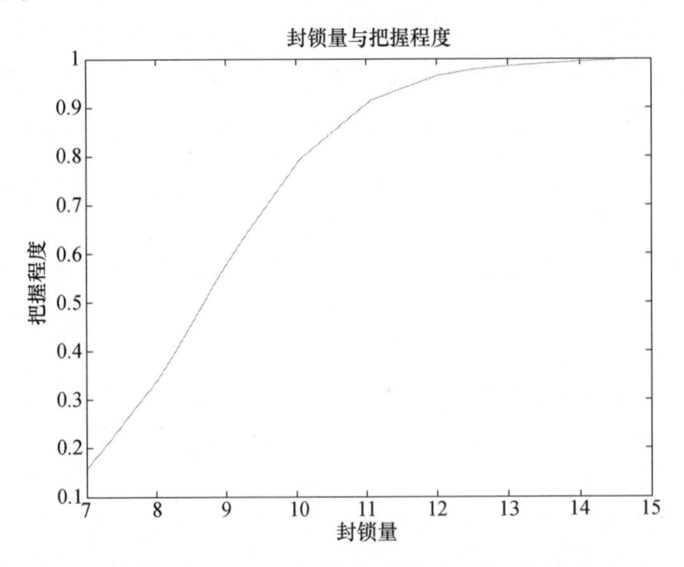

图 7.2 侵彻型子母弹不同弹量下封锁量与把握程度的曲线图

例 5 多波次打击中的弹量计算问题。

当封锁机场跑道的作战要求封锁时限较长,而单波次打击无法满足封锁时间要求,需要进行多波次导弹打击。令第 i 波次打击时,封锁量为 W_i,在作战要求封锁时限为 T_K 的时间段内,其总的封锁量为 $W_s = \sum_{i=1} W_i$。W_s 的分布密度可由各封锁量 W_i 推导而出,设为 $f_{W_s}(W_s)$。如果要求的封锁时即为 T_K,封锁强度为 DPD_K,完成任务的把握程度为 P_K,则封锁量为 $W_K = T_K \cdot DPD_K$,根据各波次封锁量的分布密度,可计算出相应弹量下,完成此任务量的把握程度,即

$$E = P\{W_s \geq W_K\} = 1 - P\{W_s < W_K\} = 1 - \int_0^{W_K} f_{w_s}(W_s)\,dW_s \tag{7.6}$$

改变各波次弹量,当 $E \geq P_K$ 时,即达到了规定的封锁任务要求。

在某次对机场火力打击中,拟使用某种轻型子母弹和中型子母弹。为保持对机场的持续压制,决定进行两波次的火力打击。要求前一波次的封锁强度达到 0.8、后一波次的封锁强度不低于 0.65,总共封锁时间不低于 180min,试计算以 80% 的把握程度完成此任务的各波次的弹型弹量。

为此,制定两种打击方案:第一种方案是以轻型子母弹(简记为 A)第一波次先打,而中型子母弹(简记为 B)第二波次后打;第二种方案则是中型子母弹为第一波次,中型子母弹为第二波次。根据模型计算得到如下结果,如表 7.5 和表 7.6 所列。

表 7.5　方案Ⅰ弹量计算结果表

方案＼位置	(－1463,0)	(－732,0)	(0,0)	(732,0)	(1463,0)
第一波次 A 弹量	1	2	1	2	1
封锁强度	0.82				
第二波次 B 弹量	1	1	1	1	1
封锁强度	0.68				
完成该次任务的把握程度	0.9424				

表 7.6　方案Ⅱ弹量计算结果表

方案＼位置	(－1463,0)	(－732,0)	(0,0)	(732,0)	(1463,0)
第一波次 B 弹量	1	2	1	2	1
封锁强度	0.87				
第二波次 A 弹量	1	1	1	1	1
封锁强度	0.62				
完成该次任务的把握程度	0.9354				

说明:表中,在计算两个波次各自的封锁强度时,置信概率都取为 0.8。

7.4　武器系统的效费分析问题

导弹封锁机场时,可以组合使用多型号导弹,不同重量的侵彻子母弹进行攻击,每一种武器系统的发射成功率、飞行可靠性及突防能力等指标都不尽相同,完成特定任务所需要的弹量往往是不相同的,而各种武器系统的费用往往并不相同,因此,从导弹武器发展规划和火力运用的定量、定性研究的角度考虑,需要对不同武器系统的效费问题进行分析。

7.4.1　问题的描述

打击机场跑道可选择多种弹体,携带多种战斗部完成作战任务,已知X型弹体携带Y型战斗部封锁机场跑道,使用一定数量情况下,能够以XX%的把握,完成封锁跑道YYmin,封锁强度不低于ZZ的作战任务,XY型号导弹武器系统的单枚费用为C_{XY}。要求对各导弹武器系统费用与效能情况进行分析。

7.4.2　模型的建立

在进行不同导弹武器系统的效费分析时,首先需要统一效能指标。在这里,我们认为选取封锁量作为效能指标是较为合理的。在计算封锁量时,其置信概率都取为0.8。这个置信概率,其实也就是完成任务的把握程度。封锁量的分布密度及封锁量的计算方法,已经在前文中介绍过了,不再多述。假设使用XY型武器封锁机场,在把握程度不低于0.8的前提下,完成封锁跑道T_{sXY}min,封锁强度不低于DPD_{XY}的作战任务,需要弹量N_{XY}枚,则该型号导弹的效费比计算式为

$$W_{XY}=\frac{N_{XY}\cdot C_{XY}}{\mathrm{DPD}_{XY}\cdot T_{sXY}} \tag{7.7}$$

例6　试从效费比角度分析例5中两种火力打击方案的优劣。

对各导弹武器系统的单件价格进行了假设,如表7.7所列。

表7.7　武器型号单件价格表

武器型号	轻型子母弹	中型子母弹
单件价格/万元	1500	1800

根据例5数据,将各型号导弹使用件数、作战效能与总体费用情况归纳如表7.8所列。

表 7.8　各导弹武器系统作战效能与总体费用情况表

武器型号	轻型子母弹	中型子母弹
方案Ⅰ/Ⅱ使用件数	8/5	5/8
方案Ⅰ/Ⅱ作战效能	0.9424/0.9354	
封锁时间(分钟)	180	
方案Ⅰ/Ⅱ总体费用	21000/21900	
效费比	0.0080777	0.0076882

总体比较,方案Ⅰ的效费比与方案Ⅱ的比值约为 1.05;相对而言,方案Ⅰ的效费比较方案Ⅱ要高,是更为合理的作战方案。

7.5　作战方预案评估问题

作战方预案评估,是指运用作战效能分析理论,可对各种火力打击方预案进行评估,从中选择作战效能最佳的方案。

例 7　仍以例 1 中的目标为例,使用中型子母弹武器对其进行打击,试对不同波次打击方案进行评估。

(1) 单波次打击方案,发射 13 枚弹。

(2) 二波次打击方案,每波次间隔时间为 15min,发射弹量分别为 8 枚、5 枚。

(3) 三波次打击方案,间隔时间为 10min,发射弹量分别为 5 枚、5 枚、3 枚。

(4) 三波次方案,间隔时间为 5min,发射弹量分别为 5 枚、4 枚、4 枚。

根据本文的效能分析模型,利用 MATLAB 计算得到以下内容。

方案 1 的封锁量为 350.1901;方案 2 的封锁量为 381.4632;方案 3 的封锁量为 429.9591;方案 4 的封锁量为 369.5111。从图 7.3 很直观得到:在相同弹量情况下,方案 3 的作战效能最佳,应为最优打击方案。

本章根据导弹攻击机场跑道作战使用特点,运用 SEA 效能分析理论,通过典型实例,进一步分析了不同作战环境下影响导弹武器作战效能的因素及提高作战效能的途径。研究结论充分表明了 SEA 方法在作战效能分析应用上的全面性和灵活性,为导弹作战问题研究提供了新的定量化研究手段和借鉴思路,对进一步丰富和发展导弹作战军事运筹应用理论具有重要意义。

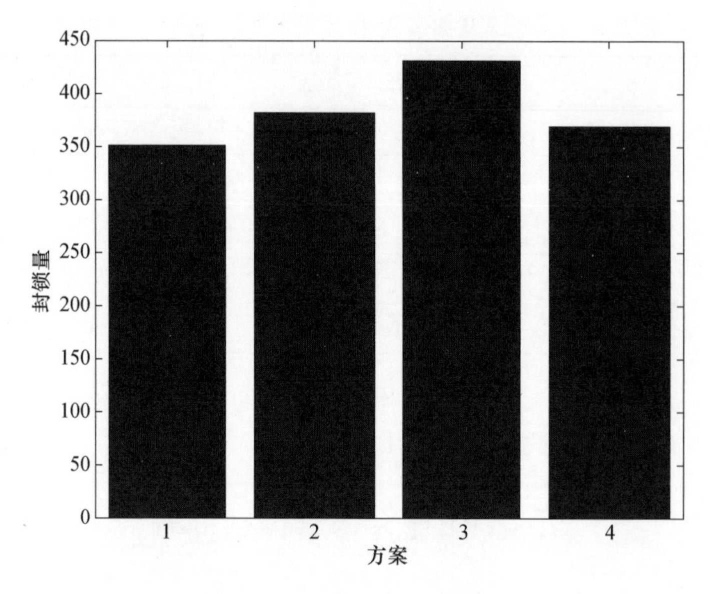

图7.3　不同打击方案效能图

参考文献

[1] 张最良,等.军事运筹学[M].北京:军事科学出版社,1997.

[2] 李长生,等.军事运筹新方法研究与应用[M].北京:军事科学出版社,2002.

[3] 李乃奎.军事运筹学基本理论教程[M].北京:国防大学出版社,1998.

[4] 高晓光.作战效能分析的基本问题[J].火力与指挥控制,1998,23(1):56-59.

[5] 张克,刘永才,关世义.关于导弹武器系统效能评估问题的探讨[J].宇航学报,2002,23(2):58-66.

[6] 李明,刘澎,等.武器装备发展系统论证方法与应用[M].北京:国防工业出版社,2000.

[7] 张延良,陈立新.地地弹道式战术导弹效能分析[M].北京:国防工业出版社,2001.

[8] 李廷杰,导弹武器系统的效能及其分析[M].北京:国防工业出版社,2000.

[9] 吕彬.导弹武器作战系统作战效能评估模型研究[J].指挥技术学院学报,1999,10(6):43-46.

[10] 甄涛.地地导弹武器系统作战效能评估[M].北京:国防工业出版社,2003.

[11] 曾涛,胡昆,罗三定.战术导弹打击机场跑道毁伤概率[J].火力与指挥控制,2009,34(4):156-162.

[12] 卜广志,张斌,师帅.战术导弹对机场跑道多波次打击时瞄准点选择方法[J].火力与指挥控制,2014(11):64-66.

[13] 张臻,姜枫.打击机场跑道的瞄准点选择方法研究[J].信息化研究,2017,43(1):19-21.

[14] 黄龙华,冯顺山,樊桂印.封锁型子母弹对飞机从机场跑道强行起降的封锁效能分析[J].弹箭与制导学报,2008,28(4):139-142.

[15] 石喜林,谭俊峰. 飞机跑道失效率计算的统计试验法[J]. 火力与指挥控制,2000,25(1):56 - 59.
[16] 李新其,王明海. 常规导弹封锁机场跑道效能准则问题研究[J]. 指挥控制与仿真,2007(04):77 - 81.
[17] 王纳,万国龙. 常规导弹封锁机场跑道效率研究[J]. 战术导弹技术,2003(3):01 - 04.
[18] 黄龙华,冯顺山,樊桂印. 封锁型子母弹对机场的封锁效能[J]. 弹道学报,2007,19(3):49 - 52.
[19] 黄寒砚,王正明. 子母弹对机场跑道封锁时间的计算方法与分析[J]. 兵工学报,2009,30(3):295 - 300.
[20] 苏国华,舒健生,崔荡萍. 多模弹药对机场跑道封锁时间的快速计算模型[J]. 火力与指挥控制,2011,36(12):64 - 66.
[21] 宋光明,宋建设. 导弹打击机场跑道的计算机模拟[J]. 火力与指挥控制,2001,26(4):67 - 69.

第 8 章　其他效能分析方法在导弹武器作战效能分析中的应用

在第 7 章中，基于 SEA 方法所建立的封锁机场作战效能评估模型，进行了封锁把握程度计算、耗弹量计算、作战方案评估及效费比计算等方面的应用，为对比 SEA 方法与其他效能分析方法在解决导弹武器作战效能分析中的优劣，本章给出了运用 ADC、指数法、数据包络分析方法、M－C 方法及粒子群算法解决具体作战效能分析问题的案例。

8.1　M－C 方法研究射向变化对机场封锁效率的影响

8.1.1　建模背景

机场目标是地地导弹作战中的重要打击目标，精确计算其毁伤效果对于准确计算耗弹量，确保毁伤意图的实现具有重要意义。对机场目标一般选择机场跑道作为主要的打击对象，这是因为跑道是作战飞机升降的依托，跑道被毁，机场将无法为战机提供弹药、油料及维修保养等各类保障，机场的保障功能也随之丧失。打击机场跑道可以采用跑道失效率作为毁伤效果指标。以往在计算跑道失效率时，一般采用落点的圆散布律[1-2]，并且为求得问题的简化，把导弹的射击主轴方向与跑道的边做了平行处理；但在实际作战时，由于受战时机动困难、可供选择的发射阵地有限等因素的影响，导弹射击主轴往往很难与跑道平行。根据导弹实际落点的椭圆散布规律，探讨射向改变对跑道失效率的影响，可供导弹火力运用做参考依据。

8.1.2　M－C 方法评估封锁效率的建模过程

1. 射击主轴与跑道成 β 角时导弹落点椭圆散布模型

如图 8.1 所示，矩形 $ABCD$ 为机场跑道，O 点为跑道中心点。导弹落点服从椭圆分布，导弹瞄准点 O_m 与落点散布中心重合，射击主轴方向与跑道成 β 角。以导弹散布中心为坐标原点，以导弹的射击主轴方向为 u 轴，以射击方向为 V 轴

建立 $u-O_m-v$ 直角坐标系,以机场跑道中心为坐标原点,X、Z 轴分别平行于跑道边建立 $X-O-Z$ 直角坐标系。导弹瞄准点 O_m 在 $X-O-Z$ 坐标系的坐标为 (X_m, Z_m)。现将 $u-O_m-v$ 坐标系顺时针转动 β 角,再进行坐标平移,使之与跑道所在的 $X-O-Z$ 坐标系重合,可求得落点坐标系中的任一坐标 (u,v) 经过坐标转换后在 $X-O-Z$ 新坐标系中的坐标 (x,Z) 为

$$\begin{aligned} x &= x_m + u\cos\beta - v\sin\beta \\ z &= z_m + u\sin\beta + v\cos\beta \end{aligned} \tag{8.1}$$

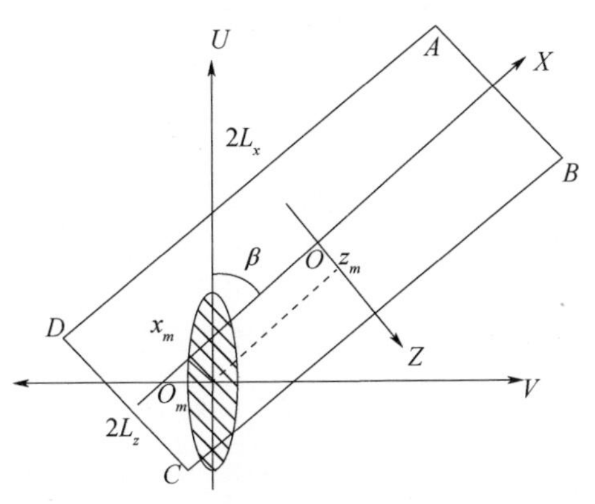

图 8.1　射向不平行于跑道的导弹落点椭圆散布图

在 $u-O_m-v$ 直角坐标系下,导弹落点散布的二维正态分布密度函数[3]为

$$\hat{\varphi}(u,v) = \frac{1}{2\pi\sigma_u\sigma_v\sqrt{1-r^2}}\exp\left[-\frac{1}{2(1-r^2)}\left(\frac{u^2}{\sigma_u^2} - \frac{2ruv}{\sigma_u\sigma_v} + \frac{z^2}{\sigma_v^2}\right)\right] \tag{8.2}$$

式中　u 和 v——平面误差分别在 u 和 v 轴上的投影(随机变量);

σ_u, σ_v——u、v 的均方差,$\sigma_u, \sigma_v > 0$;

$r = r_{uv}$——u、v 的相关系数,$0 \leqslant |r| < 1$。

当相关系数为 0 时,式(8.2)为

$$\varphi(u,v) = \frac{1}{2\pi\sigma_u\sigma_v}\exp\left[-\frac{1}{2}\left(\frac{u^2}{\sigma_u^2} + \frac{v^2}{\sigma_v^2}\right)\right] \tag{8.3}$$

2. 椭圆散布下多弹情况下跑道失效率的 M-C 算法

迄今为止,仍没有找到能够准确计算跑道失效率的解析方法,目前广泛采用的主要是统计试验法。也就是通过模拟母弹落点和各枚子弹的落点,进而得到子弹在跑道上形成的弹坑,判断跑道是否存在可供飞机起飞的最小窗口,如果存在,则这次封锁失败,否则封锁成功。下面给出椭圆散布下跑道失效率的 M-C 算法。

1）武器及目标参数

设用 N 枚携带侵彻子母弹头的导弹打击机场跑道，第 i 枚导弹（$i=1,2,\cdots,N$）的武器参数如下：

武器精度 $\sigma_u(i),\sigma_v(i)$ ——$u(i)$、$v(i)$ 的均方差；

弹头个数 $N_s(i)$；

子弹头抛撒半径 $R(i)$（假设子弹头在抛撒圆内是均匀分布的）；

瞄准点（$x_m(i),z_m(i)$）。

目标参数如下：

跑道半长 L_x；

跑道半宽 L_z；

最小升降窗口长 L；

最小升降窗口宽 B。

2）模拟计算方法

（1）产生导弹瞄准坐标系 $u-O_m-V$ 下的母弹弹着点坐标（$u(i),v(i)$）[4-5]为

$$\begin{cases}u(i) = \sigma_u(i) \cdot \sqrt{-2\ln v_1}\cos(2\pi v_2) \\ v(i) = \sigma_v(i) \cdot \sqrt{-2\ln v_1}\cos(2\pi v_2)\end{cases} \tag{8.4}$$

式中 V_1,V_2——均匀分布的随机数。

（2）转化成跑道坐标系 $X-O-Z$ 下的母弹弹着点坐标（$x(i),z(i)$）为

$$\begin{cases}x(i) = x_m(i) + u(i)\cos\beta - v(i)\sin\beta \\ z(i) = z_m(i) + u(i)\sin\beta + v(i)\cos\beta\end{cases} \tag{8.5}$$

（3）产生子弹头落点散布。

① 产生随机数，获得第 i 枚成爆弹第 j 个子弹头圆散布的随机位置，即

$$\begin{cases}tp(ij)1 = \mathrm{RAND}(1) \times 2 \times R(i) - R(i) \\ tp(ij)2 = \mathrm{RAND}(2) \times 2 \times R(i) - R(i)\end{cases} \tag{8.6}$$

$$tp(ij)1,tp(ij)2 \in (-R(i),R(i))$$

式中 $tp(ij)1,tp(ij)2$——中间变量，$j=1,2\cdots N_S(i)$，$i=1,2\cdots N$；

RAND(1)，RAND(1)——(0,1)内均匀分布随机数。

如果

$$\sqrt{tp(ij)1^2 + tp(ij)2^2} \leqslant R(i)$$

那么，得到第 i 枚成爆弹第 j 个子弹头在散布圆内的位置为

$$\begin{cases}X_{\mathrm{Sub}}(ij) = tp(ij)1 \\ Z_{\mathrm{Sub}}(ij) = tp(ij)2\end{cases} \tag{8.7}$$

如果

$$\sqrt{tp(ij)1^2 + tp(ij)2^2} > R(i)$$

则重新产生 $tp(ij)1$、$tp(ij)2$，以得到第 i 枚成爆弹第 j 个子弹头在散布圆内的位置。

② 加上母弹的落点坐标，即得到子弹头弹着点坐标，即

$$\begin{cases} X_{\text{sub}}(k) = X_{\text{sub}}(ij) + x(i) \\ Z_{\text{sub}}(k) = Z_{\text{sub}}(ij) + z(i) \end{cases} \quad (k = 1,2,\cdots,m) \tag{8.8}$$

式中　m——获得的总的落点个数，即

$$m = \sum_{i=1}^{N} N_s(i) \tag{8.9}$$

(4) 判断子弹头弹着点是否在跑道上，并记下在跑道上的弹着点。如果 $-L_X \leqslant X_{\text{sub}}(k) \leqslant L_X$ 且 $-L_z \leqslant Z_{\text{sub}}(k) \leqslant L_z$，则 $(X_{\text{sub}}(k), Z_{\text{sub}}(k))$ 在跑道上，记为 $(X_{\text{hit}}(j), Z_{\text{hit}}(j))$（留出 $(X_{\text{hit}}(0), Z_{\text{hit}}(0))$ 作为跑道的边界），并统计落在跑道上子弹头个数 S。

(5) 判断是否存在最小升降窗口。

跑道边界条件为

$$\begin{cases} X_{\text{hit}}(0) = -L_X \\ Z_{\text{hit}}(0) = -L_y \\ X_{\text{hit}}(S+1) = L_X \\ Z_{\text{hit}}(S+1) = L_y \end{cases} \tag{8.10}$$

把 $(X_{\text{hit}}(j), Z_{\text{hit}}(j))$ 按 X_{hit} 的大小排序，得到

$$x_{\text{hit}}(0) \leqslant x_{\text{hit}}(1) \leqslant \cdots \leqslant x_{\text{hit}}(S) \leqslant x_{\text{hit}}(S+1)$$

如果存在

$$x_{\text{hit}}(j) - x_{\text{hit}}(j-1) \geqslant L \quad (j = 0,1,\cdots,S,S+1)$$

则封锁失败，停止搜索；否则，以 X 向坐标最小的弹着点 $x_{\text{hit}}(0)$ 为起点，在跑道上以最小升降窗口的长度 L 为定步长，得到一个区间，搜索其中的弹着点。对它们的 Z 向坐标进行排序，判断是否存在相邻两点的 Z 向间距大于最小升降窗口的宽度 B，如果存在，封锁失败，停止搜索；否则，进行下一步，以区间内 X 向坐标次小的弹着点 $X_{\text{hit}}(1)$ 为起点，重复操作。当以 $x_{\text{hit}}(j)$ 为起点搜索，若此时 $x_{\text{hit}}(j)$ 与 $x_{\text{hit}}(S+1)$ 的 X 向间距小于 L，跑道失效，停止搜索；否则，以 $x_{\text{hit}}(j+1)$ 为起点，进行搜索，直到确认跑道上没有最小升降窗口或者封锁失败。

记下跑道失效的次数 T_1 和总的模拟次数 T_0，跑道失效率 P 为 $P = \dfrac{T_1}{T_0}$。进行大量模拟，就可以获得较为准确的跑道失效率 P 值。

3. 流程图

见附录1。

8.1.3 实例

有一机场目标长为 $2L_x=2000\text{m}$、宽为 $2L_z=60\text{m}$，该机场的最小升降窗口长为 $L=800\text{m}$、宽为 $B=20\text{m}$，某型子母弹母弹落点服从椭圆分布的参数为 $B_d=100\text{m}$，$B_f=50\text{m}$，射击方向与跑道主轴夹角为 β，设每枚母弹含有子弹数为 $N_s=50$，抛撒半径 $R=150\text{m}$，计算沿跑道主轴坐标分别为(-800,0,800)，并相应发射(3,2,3)发导弹，在导弹为椭圆散布和圆散布两种情况下计算该机场跑道的失效率。

按上述步骤和流程图用VC++6.0编写程序，模拟3000次，计算的结果如表8.1所列。

表8.1 不同 β 角情况下两种落点散布律失效率比较表

β	椭圆散布下跑道失效率 p_1	圆散布下跑道失效率 p_2	β	椭圆散布下跑道失效率 p_1	圆散布下跑道失效率 p_2
0.0	0.898500	0.936000	50.0	0.010500	0.064000
10.0	0.610500	0.832000	60.0	0.008000	0.062000
20.0	0.085500	0.413500	70.0	0.004000	0.044500
30.0	0.031500	0.132500	80.0	0.003000	0.048500
40.0	0.019000	0.106000	90.0	0.002500	0.037500

8.1.4 分析与结论

由表8.1可以看到，武器射击方向的变化对跑道失效率的毁伤效果影响很大，随着 β 角度的增加，跑道失效率的值在减小，在90°时达到最小，这是椭圆散布律与圆散布律的最大区别。当武器纵向距离误差、横向方向误差大小关系与跑道目标长、宽一致时毁伤效果最好，随着主轴间角度的增加跑道失效率逐渐减小，垂直时最小。随着母弹抛洒半径的增大，跑道失效率先增大后又减小。分析易知，当抛撒半径很小时，子弹较集中，跑道上存在最小升降窗口的就概率就大，失效率小，但当抛洒半径很大时，落在跑道上的子弹变少，失效率也不大，所以有个最佳抛洒半径能使该次打击效果最好。多统计几组数据还可表明，随着抛撒半径增大，角度 β 的变化对失效率指标的影响减小。

8.2　粒子群优化方法评估导弹封锁机场最优抛撒半径

如何针对打击目标的具体需要,合理确定子母型战斗部子弹最佳抛撒半径是评定子母型战斗部作战效能时需要解决的关键技术难题。在此,以子母型战斗部封锁机场跑道为例,首先构建子弹落点散布模型并推导跑道失效率的计算模型,以描述子弹抛撒半径与封锁效果(跑道失效率)的非线性关系;通过对抛撒半径解空间的合理设置,并构建以跑道失效率为评价粒子位置优劣的适应度函数,完成利用粒子群优化算法确定子弹最佳抛撒半径的完整求解步骤的设计。

8.2.1　建模背景

利用导弹携带子母式战斗部封锁机场跑道,阻止作战飞机升空,是夺取制空权的重要手段。子母式战斗部对机场跑道的毁伤效果与跑道的大小和形状、飞机升降性能、导弹的射击精度、子弹个数、弹头威力和子弹抛撒半径等多种因素有关,一般可用跑道失效率衡量毁伤效果[6]。武器系统定型后,其精度基本确定,子弹个数和子弹头威力也一般确定了。战术导弹子母弹的抛撒半径主要由子弹的抛撒速度和飞行时间确定,飞行时间则由抛撒点的高度和母弹速度决定,因而,子弹的抛撒半径是可以在一定范围内调整的,确定最佳抛撒半径的基本原则是:既要最大限度地覆盖跑道,又不能大到出现可供飞机起降的最小升降窗口[7]。

在其他条件相同的情况下,可以通过对子母弹抛撒半径的优化选择,使跑道失效率达到最大,有效地提高打击效果,为作战决策提供参考依据。为了获得最佳抛撒半径,可以通过设定合适的抛撒速度,也可以在弹道设计时通过改变射击诸元调整抛撒高度和母弹速度[8]。因此,研究子母弹最佳抛撒半径问题可以为子母弹弹头设计和弹道设计提供重要参考。

8.2.2　计算机场跑道打击效果的失效率模型

1. 瞄准点选择

设原点 o' 为跑道中心点,x' 轴过原点与跑道方向平行,y' 轴过原点垂直于 x' 轴,建立目标坐标系 $x'o'y'$。

跑道目标是一类典型的窄长形面目标,对跑道目标打击时,通常的瞄准点按均匀选点的原则进行选取。假设跑道目标为均匀的线目标,将线目标的中心作为原点。瞄准点以原点为对称等间隔分布,间距 $d_x = L/M$,其中 L 为跑道长度,M 为发射导弹数。

第 i 导弹在 X 轴方向上选择的瞄准点为

$$X_i = d_x(i-(M-1)/2) \quad (i=0,1,\cdots,M-1)$$

第 i 导弹在 Y 轴方向上选择的瞄准点为

$$Y_i = 0 \quad (i=0,1,\cdots,M-1)$$

2. 子弹落点散布模拟

1）母弹随机落点模型

设导弹的圆概率偏差为 CEP，母弹落点（$m_x m_y$）服从（$\mu_1,\mu_2,\sigma_1,\sigma_2,\rho$）二维正态分布，其中 μ_1、μ_1 分别表示母弹落点坐标的均值，即瞄准点（X_i,Y_i），$\sigma_1=\sigma_2=\sigma$ 表示导弹的射击精度，ρ 表示 X 方向和 Y 方向的相关系数。若坐标轴与主散布轴平行，则射向与侧向散布互相独立，即相关系数 $\rho=0$。射击精度与 CEP 的关系为

$$\mathrm{CEP} = 1.17741002\sigma \quad (\sigma_1=\sigma_2=\sigma) \tag{8.11}$$

母弹落点坐标为

$$\begin{cases} m_x = x'_0+\sigma\cdot\sqrt{-2\cdot\ln(v_1)}\cdot\cos(2\pi v_2) \\ m_y = y'_0+\sigma\cdot\sqrt{-2\cdot\ln(v_1)}\cdot\sin(2\pi v_2) \end{cases} \tag{8.12}$$

式中　x'_0,y'_0——导弹的瞄准点坐标；

v_1,v_2——（0,1）区间上相互独立的均匀分布随机数。

2）随机落点模型

以子弹的抛撒中心为原点 O，建立子弹坐标 xoy，子弹落点服从以母弹落点为圆心的圆环内均匀分布，外径为子弹抛撒半径 R，内径为盲区半径 r，取 $r/R=0.3$。假设子弹在圆环中服从径向均匀分布，第 i 个子弹的落点坐标为（x_i,y_i），则（x_i,y_i）的模拟计算方法为

$$\begin{cases} x_i = R\cdot v_1\cos(2\pi v_2) \\ y_i = R\cdot v_1\sin(2\pi v_2) \end{cases} \tag{8.13}$$

式中　x_i——子弹落点的横坐标；

y_i——子弹落点的纵坐标；

v_1——（r/R,1）区间上均匀分布随机数；

v_2——（0,1）区间上均匀分布随机数，与 v_1 相互独立。

为了方便对目标的毁伤效果，通常把子弹落点坐标转换到目标坐标系中。子弹落点在目标坐标系中的坐标为

$$\begin{cases} x'_i = m_x + x_i \\ y'_i = m_y + y_i \end{cases} \tag{8.14}$$

用 Matlab 编程模拟子弹落点如图 8.2 所示，其中用“+”表示的是有效子弹。

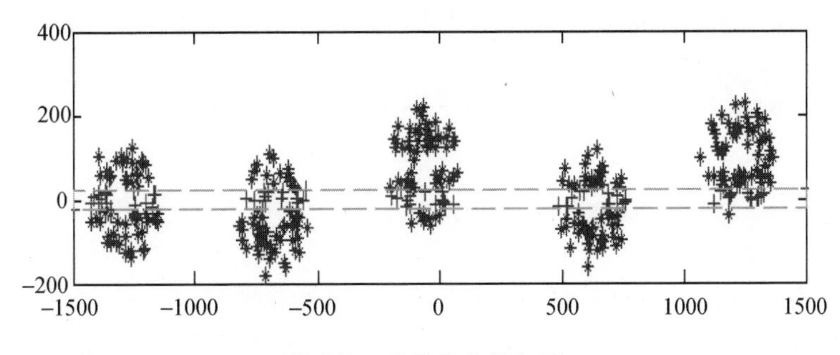

图8.2　子弹落点模拟图

3. 跑道失效率的计算模型

1）判断子弹落点是否在跑道上

设弹坑半径为r_0，如果$-\frac{L}{2}-r_0\leqslant x_i'\leqslant\frac{L}{2}+r_0$且$-\frac{B}{2}-r_0\leqslant y_i'\leqslant\frac{B}{2}+r_0$，则$(x'_i,y'_i)$在跑道上，记为$(x(k),y(k))$，$k=1,2,3,\cdots$，并统计落在跑道上子弹的个数$S$。

2）判断是否存在最小升降窗口

跑道边界条件为

$$\begin{cases}x(0)=-\frac{L}{2}\\y(0)=-\frac{B}{2}\\x(S+1)=\frac{L}{2}\\y(S+1)=\frac{B}{2}\end{cases}\tag{8.15}$$

将$(x(k),y(k))$按$x(k)$的大小顺序排列，得到

$$x(0)\leqslant x(1)\leqslant\cdots\leqslant x(S)\leqslant x(S+1)\tag{8.16}$$

如果存在

$$x(k)-x(k-1)\geqslant W_L\quad(k=1,2,\cdots,S+1)\tag{8.17}$$

则封锁失败，停止搜索；否则，以x向坐标最小的落点$x(0)$为起点，在跑道上以最小的升降窗口长度W_L为定步长，得到一个区间，搜索其中的弹着点，对它们的y向坐标进行排序，判断是否存在相邻两点的y向间距大于最小升降窗口的宽度W_B。如果存在，封锁失败，停止搜索；否则，进行下一步，以区间x向坐标次小点的弹着点$x(1)$为起点，重复操作。当以$x(k)$为起点搜索，如此时$x(k)$与$x(S+1)$的x向间距小于W_L，则跑道失效，停止搜索；否则，以$x(k+1)$为起点，

进行搜索,直到确认跑道上没有最小升降窗口或者封锁失败。

3) 计算跑道失效率

跑道失效的次数记为 N_1,总的模拟次数为 N,跑道失效率 P 的蒙特卡罗计算模型为

$$P = \frac{N_1}{N} \tag{8.18}$$

进行大量模拟,就可以获得较为准确的跑道失效率值。

8.2.3 基于粒子群优化算法求解最佳抛撒半径的模型

粒子群优化算法是一种基于群体智能的演化计算技术,最早由 Kennedy 和 Eberhart 于 1995 年提出[9],它源于对鸟群捕食行为的研究,是一种基于迭代的优化算法,每个粒子即代表一个解,系统随机初始化一组解,通过迭代在解空间中进行搜索来寻找最优解。相对于其他的演化计算方法,它最大的一个优点是搜索速度比较快,精度较高。相关问题的研究目前在国内外已经逐渐形成了智能优化算法中一个新的热点[10-11],参考文献[12-13]对其做了详细的综述。下面将此算法应用到子母弹最佳抛撒半径求解问题中。

其优化求解的基本步骤如下。

(1) 首先在解空间随机地产生初始化粒子种群,取种群大小为 m。由于子母弹抛撒半径一般在 1000m 以内,故可设最佳抛撒半径的解空间为[0,1000](m)。种群中的粒子,即为子母弹的抛撒半径 R_i,其中 $i=0,1,\cdots,m$。相应地,对每个粒子也随机初始其飞行速度 V_i。

(2) 为评价粒子位置的优劣,引入适应度函数 $f(R_i)$,适应度函数设为抛撒半径为 R_i 时的跑道失效率。计算每个粒子的适应度,即对 R_i 通过 Monte Carlo 计算出对应的跑道失效率 P。

(3) 比较适应度函数的大小,根据每个粒子的适应度函数,将粒子个体 R_i 迄今搜索到的最佳位置记为 P_i;将整个粒子群迄今搜索到的最佳位置记为 P_g。

(4) 根据下面的两个式子调整粒子的速度和位置,即

$$v_i = \omega \cdot v_i + c_1 \cdot r_1 \cdot (P_i - x_i) + c_2 \cdot r_2 \cdot (P_g - x_i) \tag{8.19}$$

$$x_i = x_i + v_i \tag{8.20}$$

其中 $i=0,1,\cdots,m$;ω 为惯性权重,反映了算法在全局搜索和局部搜索之间的权衡,大的 ω 倾向于全局搜索,小的 ω 则倾向于局部搜索。ω 一般随搜索的进行逐渐减小;c_1、c_2 为学习因子,其大小反映了粒子自身学习和全局学习的能力;r_1,r_2 是[0,1]之间的均匀分布的随机数。

(5) 重复(2)~(4)的过程,直到满足终止的迭代代数条件。

8.2.4　仿真结果及分析

1. 仿真条件

跑道:跑道长 $L=3000\text{m}$,跑道宽 $B=46\text{m}$,最小升降窗口长 $L_W=800\text{m}$,最小升降窗口宽 $B_W=20\text{m}$,弹坑半径 $r_0=2\text{m}$。

武器:精度 CEP = 50m,子弹个数 100,导弹数量 5 枚。

粒子群优化算法参数:粒子种群大小为 20,惯性权值 $\omega=0.9$,学习因子 $c_1=c_2=2$,最大进化代数为 50。

2. 仿真流程

其仿真流程图如图 8.3 所示。

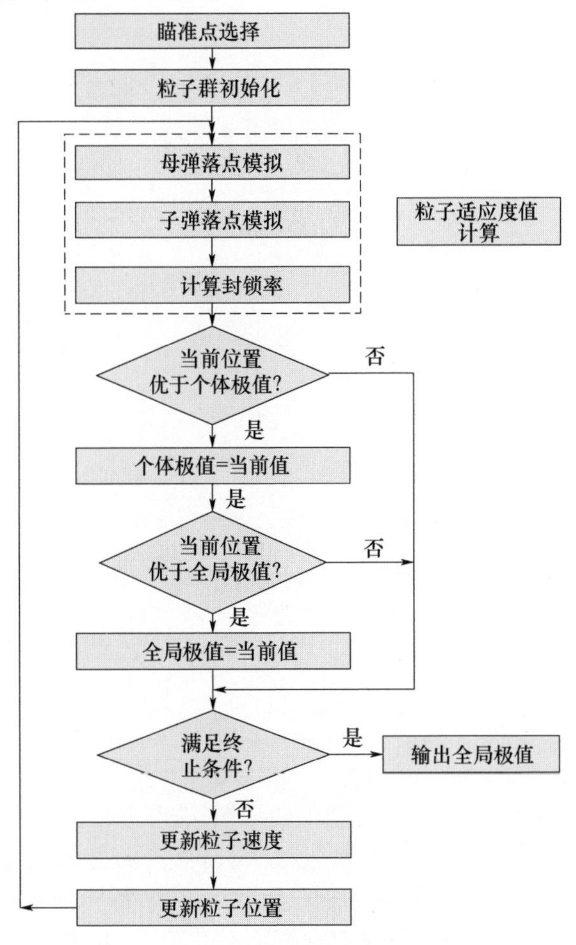

图 8.3　仿真流程图

3. 仿真结果

用VC++6.0编制仿真软件,每次跑道失效率计算模拟5000次;然后用Matlab绘图,如图8.4和图8.5所示。

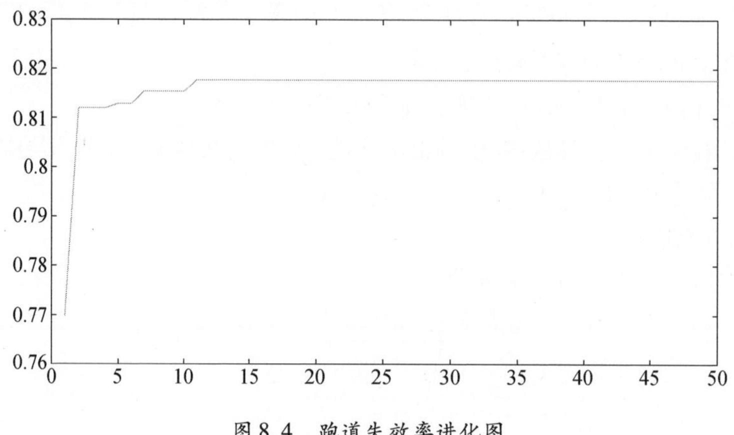

图8.4　跑道失效率进化图

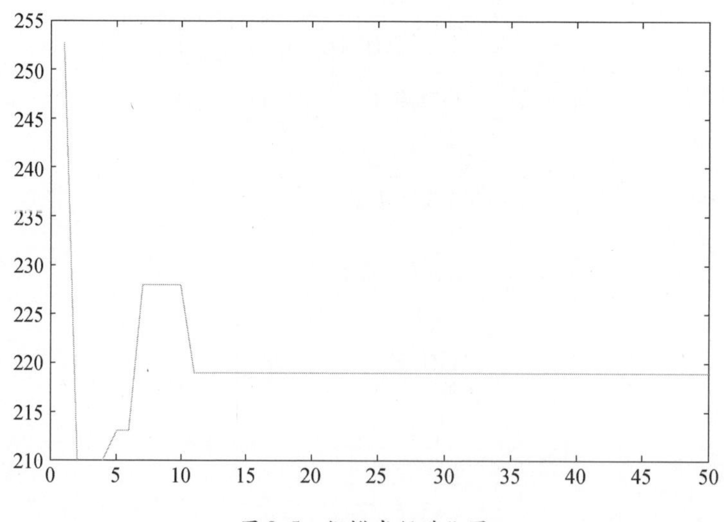

图8.5　抛撒半径进化图

4. 结果分析

由图8.4、图8.5可以看出,在迭代的初期,随着进化代数的增加,跑道封锁率迅速提高,在进化到15代左右也收敛于最优值,抛撒半径也收敛于最佳值269.5m。随后,虽然进化代数增加,跑道封锁率和子母弹的抛撒半径基本没有变化。由此可见,粒子群优化算法对于解决子母弹最佳抛撒半径问题,搜索速度快,求解的效率高,解的精度也较遗传算法高,因此是十分有效的。

下面将本文所用粒子群算法得到的结果与采用遗传算法的结果,进行比较分析,如表 8.2 所列。

表 8.2 粒子群优化算法与遗传算法比较

比较项目	粒子群优化算法	遗传算法
最优解(R/P)	219.0/83.5%	210/82.2%
出现最优解的代数	11	34
计算用时	约 4min	约 10min

8.2.5 结论

针对子母弹打击机场跑道问题,通过 Monte Carlo 方法模拟子弹落点并仿真机场跑道的失效率,建立了基于粒子群优化算法求解子母弹最佳抛撒半径的模型,为子母弹的作战运用提供了重要的参考依据。仿真结果表明,相比遗传算法求解子母弹最佳抛撒半径问题,粒子群优化算法用时更少,计算效率更高。由于子母弹的抛撒半径与抛撒高度直接相关,因此,在下一步工作中可以研究根据打击效果的要求确定子母弹的抛撒高度,也可以研究不同 CEP 下子母弹最佳抛撒半径问题,为多型号战术导弹子母弹联合作战决策提供理论依据。

8.3 基于 ADC 方法评估导弹主战武器系统的作战效能

8.3.1 建模背景

在导弹研制、定购等环节中,常常需要就导弹武器系统或系统中的某个子系统的性能进行定量化评估;武器系统的性能需要综合考虑其可用性、可靠性、毁伤威力、命中精度、识别能力、突防能力等因素。ADC 方法把武器系统的效能看作是系统在规定条件下满足一组特定任务要求程度的度量,把系统效能描述成可用度、可信度和能力之间的某种函数[14]。采用 ADC 方法建模,具有推理严谨、结论可信的显著优点。在此,笔者结合自己的科研经验,给出了一个运用 ADC 方法构建导弹主战武器系统作战效能评估模型的案例。请读者重点掌握建模的过程。

8.3.2 导弹武器主战系统的界定

主战系统主要由主战装备及其人员组成,目前暂不考虑操作时的人为失误因素,因此,在这里主战武器系统:“一般由地地导弹、发射装置和瞄准设备组成。”[15]。

陆基导弹主战武器系统可分为导弹系统和发射系统。发射系统可分为电源系统、瞄准系统、测控系统及运输发射系统等。导弹系统则由战斗部、控制系统、动力系统和弹体组成。陆基导弹主战系统的作战过程按时间可划分为发射阶段、飞行阶段和爆炸阶段。

8.3.3 ADC效能评估模型

武器系统的效能通常是指该武器装备完成预定作战任务能力的大小。本文将陆基导弹主战武器系统的作战效能定义为:在预期或规定的作战使用环境以及所考虑的组织、战略、战术、生存能力和威胁等条件下,完成规定任务的能力(见GJB1364附录A的A9.2.1)。

ADC效能评估模型能较全面地反映武器系统状态随时间变化的多项战术、技术指标在作战使用中的动态变化与综合作用,因此比较适用于陆基导弹之类的大型武器系统的效能评估。它对武器系统效能的定义是:预计系统在规定条件下满足一组特定任务要求程度的度量,它是可用度(Availability)、可信度(Dependability)和能力(Capability)的函数。其模型为

$$E = A \times D \times C \tag{8.21}$$

式中 E——作战效能;

A——可用度;

D——可信度;

C——作战能力[14]。

可用度(A)是指在任一随机时刻,要求执行作战任务,系统处于正常工作或可投入使用的能力。

任务可信度(D)是指在任务开始时刻可用性给定的情况下,系统在执行任务过程中,处于正常工作或完成规定功能的能力。

作战能力(C)是指在任务期间状态给定的条件下,系统完成规定作战任务的能力[14]。

由于武器和军事装备都是在敌方的积极对抗条件下运用的,对抗环境对武器系统的作战效能有很大影响,所以在评定武器系统效能时,必须将敌方的对抗考虑进来,模型才能真实符合作战实际,才能反映出其具备的真实能力。为此,我们对ADC模型作如下修改,使其适合于更全面的评定,令

$$E = Q \cdot A \cdot D \cdot C \tag{8.22}$$

式中 Q——导弹主战武器系统在未被敌火力毁伤的条件下实施发射的概率。

模型中,$\boldsymbol{E}$ 是特定对抗环境下的导弹主战武器系统作战效能向量,可信度矩阵 $\boldsymbol{D}$ 反映了在实战条件下武器系统正常工作和运转的性能,而 Q 则表示了武器系统对敌实施攻击的战术可靠性。概率 Q 与武器系统的可用度、可信度、敌方侦察强度和敌方武器的攻击效能等有关[16]。

8.3.4 陆基导弹主战系统作战效能评估模型的建模过程

1. 陆基导弹主战武器系统可靠性结构图

陆基导弹主战武器系统可靠性结构图如图 8.6 所示。

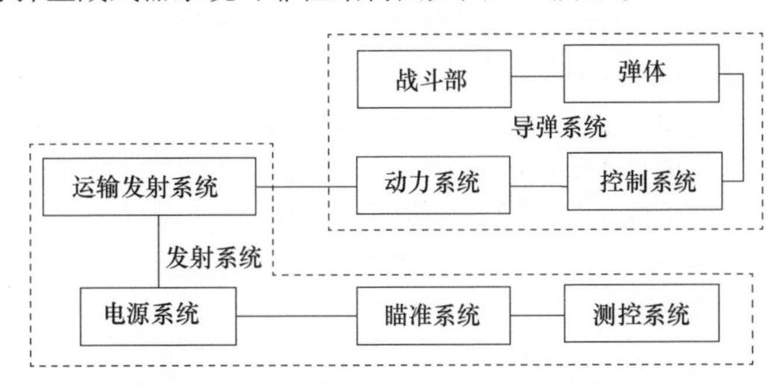

图 8.6　陆基导弹主战武器系统可靠性结构图

2. 主战武器系统初始状态

从图 8.6 可以看出,陆基导弹主战武器系统在发射前后,发射系统与导弹系统内的各个子系统都是串联结构。因此,只要环路中有一个子系统出现故障或失效,则导弹整个主战武器系统失效。

导弹主战武器发射系统在执行任务过程中只有两种状态,即"工作正常"状态或"故障"状态,其失效率服从指数分布规律,λ 为系统的故障率,μ 为系统的修理率,$R(t)$ 为可靠度,MTBF 为平均无故障时间,MRTT 为平均修理时间,则

$$R(t) = \mathrm{e}^{-\int_0^t \lambda(t)\mathrm{d}t} \tag{8.23}$$

$$\mathrm{MTBF} = \int_0^{\infty} \mathrm{e}^{-\lambda(t)}\mathrm{d}t = \frac{1}{\lambda} \tag{8.24}$$

$$\mathrm{MTTR} = \int_0^{\infty} \mathrm{e}^{-\mu(t)}\mathrm{d}t = \frac{1}{\mu} \tag{8.25}$$

值得注意的是,导弹武器主战系统中的发射系统是可维修的,这一点同其他兵器(如飞机上的空空、空地导弹发射装置)不同。国内某些关于导弹作战效能评估的模型方法将发射系统与导弹系统混为一谈,等同对待,是极不合理的。也正因为如此,陆基导弹主战装备的作战效能评估就显得更为复杂。

导弹系统则只有两种状态:正常和失效,并且一枚导弹在发射后一旦出现故障则不可维修。因此,主战武器系统的初始状态一共有 4 种,如表 8.3 所列。

表 8.3　主战系统初始状态表(Ⅰ为正常Ⅱ为故障)

状态	发射系统	导弹系统
A_1	Ⅰ	Ⅰ
A_2	Ⅰ	Ⅱ
A_3	Ⅱ	Ⅰ
A_4	Ⅱ	Ⅱ

3. 可用度向量 A 的计算

对发射系统而言,处于可靠工作状态的概率为

$$R_F = \frac{\text{平均无故障时间}}{\text{平均无故障时间} + \text{平均修理时间}} = \frac{\text{MTBF}}{\text{MTBF} + \text{MTTR}} = \frac{1/\lambda}{1/\lambda + 1/\mu} \tag{8.26}$$

系统处于修理(故障)状态的概率为

$$\bar{R}_F = \frac{\text{平均修理时间}}{\text{平均修理时间} + \text{平均无故障时间}} = \frac{\text{MTTR}}{\text{MTTR} + \text{MTBF}} = \frac{1/\mu}{1/\mu + 1/\lambda} \tag{8.27}$$

对导弹系统而言,由于结构过于复杂,其可用度可以看成是系统按预定要求正常工作的概率。因此,导弹系统可用度向量的计算就变成了确定其在特定时刻的可靠性问题,在这里采用界限法求取。令 $R_{上}$ 为导弹系统上限,$R_{下}$ 为导弹系统下限,则整个导弹系统的可靠度 R_D 可以用经验公式求出,即

$$R_D = 1 - \sqrt{(1 - R_{上})(1 - R_{下})} \tag{8.28}$$

由此算得

$$A_1 = R_F \cdot R_D \tag{8.29}$$

$$A_2 = R_F \cdot (1 - R_D) \tag{8.30}$$

$$A_3 = \bar{R}_F \cdot R_D = (1 - R_F) \cdot R_D \tag{8.31}$$

$$A_4 = \bar{R}_F \cdot (1 - R_D) = (1 - R_F) \cdot (1 - R_D) \tag{8.32}$$

$$A = (A_1, A_2, A_3, A_4) \tag{8.33}$$

4. 可信度矩阵 D 的计算

$\boldsymbol{D} = (d_{ij})n \times n$,$d_{ij}$表示开始瞬间系统处于 i 状态而在使用过程转移到 j 状态的概率。本文将导弹武器系统的初始状态定为 4 种,因此,$\boldsymbol{D}$ 为 4×4 矩阵。

对发射系统而言,p_{11}、p_{12}、p_{21}、p_{22}分别表示一直处于正常状态、从正常到故障状态、从故障到正常状态、一直处于故障状态的概率。其数学表达式为

$$p_{11} = \frac{\mu}{\mu + \lambda} + \left(\frac{\lambda}{\lambda + \mu}\right)\exp[-(\lambda + \mu)T] \tag{8.34}$$

$$p_{12} = \frac{\lambda}{\lambda + \mu}\{1 - \exp[-(\lambda + \mu)T]\} \tag{8.35}$$

$$p_{21} = \frac{\mu}{\mu + \lambda}\{1 - \exp[-(\lambda + \mu)T]\} \tag{8.36}$$

$$p_{22} = \frac{\lambda}{\lambda + \mu} + \left(\frac{\mu}{\mu + \lambda}\right)\exp[-(\lambda + \mu)T] \tag{8.37}$$

式中　T——执行任务的持续时间；

λ——故障率。

导弹系统可靠度 R_D 已由前面求出，故

$$d_{11} = p_{11} \cdot R_D, d_{12} = p_{11} \cdot (1 - R_D)$$
$$d_{13} = p_{12} \cdot R_D, d_{14} = p_{12} \cdot (1 - R_D)$$
$$d_{21} = p_{11} \cdot 0, d_{22} = p_{11} \cdot 1$$
$$d_{23} = p_{12} \cdot 0, d_{24} = p_{12} \cdot 1$$
$$d_{31} = p_{21} \cdot R_D, d_{32} = p_{21} \cdot (1 - R_D)$$
$$d_{33} = p_{22} \cdot R_D, d_{34} = p_{22} \cdot (1 - R_D)$$
$$d_{41} = p_{21} \cdot 0, d_{42} = p_{21} \cdot 1$$
$$d_{43} = p_{22} \cdot 0, d_{43} = p_{22} \cdot 1$$

5. 能力矩阵或能力向量 C 的量化

能力是系统各种性能的集中表现，对于每一种有效工作状态，都应赋予相应的能力[3]。在实际工作中采用以 ADC 模型为基本框架，建立具体系统的效能评估模型时，$\boldsymbol{A}$ 和 $\boldsymbol{D}$ 在选定状态数后都可由解析法获得，而 $\boldsymbol{C}$ 中的元素在很大程度上决定于所评价的系统，应根据特定的问题建立 $\boldsymbol{C}$ 的计算模型。能力向量选取得是否合理，量度是否标准，直接关系效能评估模型的质量。

衡量陆基导弹主战武器系统能力的因素有很多，如毁伤威力、命中精度、识别能力、突防能力等。在考虑实战对抗条件下，还必须考虑陆基导弹主战武器系统的生存能力。在这里，我们将导弹武器主战系统的生存能力单独提出来，用概率表示其生存能力的大小，记为 Q；除生存能力外的其余各种能力因素共同构成导弹武器主战系统的能力项 $\boldsymbol{C}$，如图 8.7 所示。

这里我们用性能指标的综合评价方法定义能力 $\boldsymbol{C}$。

其具体思路是：首先要统一各项性能指标的量纲，可借助模糊数学方法，通过建立各项性能指标的隶属函数，将性能指标值映射为[0,1]间的一个数，称为隶属度；其次是分析各项性能指标的相对重要性，确定它的加权系数；最后是采用理想点法或加权和法计算各项性能指标的综合评价值，并记为能力 $\boldsymbol{C}$。

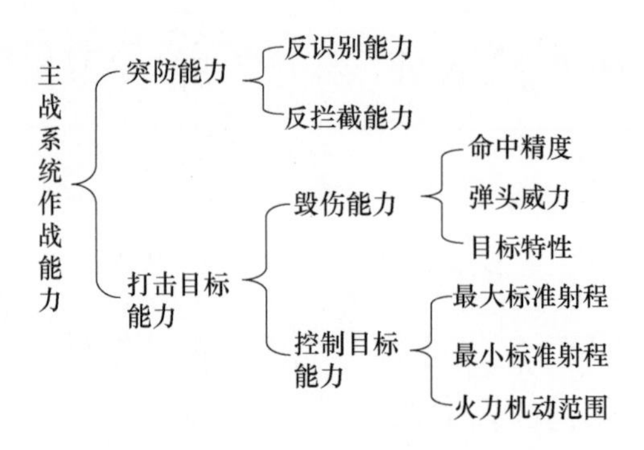

图 8.7 主战系统作战能力结构层次图

理想点法计算公式为

$$c_j = \sqrt{\sum_{i=1}^{n} W_i (1 - \mu_i)^2} \quad (j = 1,2,\cdots) \tag{8.38}$$

式中 W_i——第 i 项性能指标的权重，$\sum_{i=1}^{n} W_i = 1$，$W_i \geqslant 0$；

μ_i——第 i 项性能指标的隶属度[16]。

由此，计算能力向量值为

$$\boldsymbol{C} = (c_1, c_2, c_3, c_4)^{\mathrm{T}}$$

式中 $c_1 = \sqrt{\sum_{i=1}^{n} W_i (1 - \mu_i)^2}$——当发射系统和导弹系统都处于正常状态时主战系统所具备的作战能力；

$c_2 = c_3 = c_4 = 0$——无论是导弹系统出现故障还是发射系统出现故障，陆基导弹主战武器系统暂时不具备作战能力。

6. 生存概率 Q 的计算方法

生存能力层次结构图如图 8.8 所示。

事实上，生存能力的计算是一项考虑因素众多、计算过程极为繁杂的工作。目前，陆基导弹武器系统生存能力还没有一个统一的、有较高可信度的计算模型，有关这方面的工作正在深入研究之中，这里仅介绍一种简易计算方法。

每辆导弹发射车或运弹车的生存概率为

$$P_S = 1 - P_d P_f \tag{8.39}$$

式中 P_d——单枚炸弹对车辆的毁伤概率，计算模型见参考文献[5]；

P_f——武器系统被发现概率，计算模型见参考文献[6]。

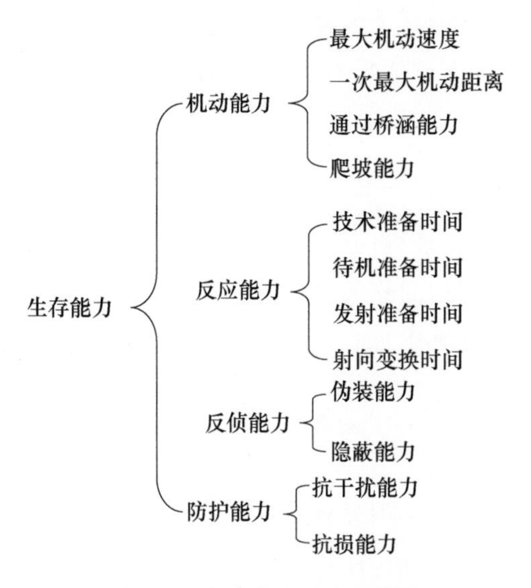

图 8.8　生存能力层次结构图

因为导弹发射前 N 发弹生存下来的弹数是随机的，它的可能值为 0，1，2，…，N，由二项分布可知生存 0，1，2，…，N 发弹的概率为

$$P_{ns}(i) = C_N^i P_s^i (1 - P_s)^{N-i} \tag{8.40}$$

8.3.5　评论

在这里运用改进的 ADC 效能评估模型，对陆基导弹主战武器系统的作战效能进行了分析，具有一定的可信度。这种方法虽然能够全面综合考虑武器系统的主要性能指标而没有偏颇，但难以描述系统状态发生转移时，动态变化的效能情况。此外，在评估导弹主战系统作战能力时，采用了综合评价方法予以量化，虽然较为简便地解决了能力向量的权重计算问题，但不可否认，这种方法的计算结果还是易受主观因素（即专家权重）的影响。

8.4　采用指数法评估导弹主战武器系统的作战能力

8.4.1　建模背景

导弹全武器系统包含若干个子系统，由于组成整体能力的各子能力要素之间、各岗位之间的耦合关系很复杂，其整体操作能力具有很强的整体性、体系化特点，在评估导弹操作人员操作能力时，采用层次分析、模糊综合评判等方法，在权重的确定上难免失之主观,不能较好地体现各能力要素对整体综合发射能力贡献方式的差异。由于指数法受主观因素的影响较小,适用于对作战能力作细致的分析,分析准确性较高,故采用指数法构建其能力评估模型。

8.4.2 对操作能力说明

导弹武器系统操作人员包括指挥协同人员、测试操作人员和技术把关人员三类,其能力对应于指挥协同能力、测试操作能力和技术把关能力。

1. 个体操作能力的划分

武器系统由若干个子系统构成,每个子系统的每个操作岗位,按照对武器操作的熟练程度,都会获得一个评定等级。能力等级区分为三、二、一级,其中,三级最低、二级次之、一级最高。

按照由分到总的顺序,采用合适的指数法,就可建立整个武器系统的整体操作能力的评估模型。其操作能力的分解指标如表8.4所列。

表8.4 操作能力指标体系表

一级指标及代码	二级指标及代码	三级指标及代码
全系统指挥能力 U_1	全系统指挥长指挥能力 U_{11}	
	全系统副指挥长指挥能力 U_{12}	
各系统指挥长的集成指挥能力 U_2	F分系统综合指挥能力 U_{21}	F分系统指挥能力 U_{211}
		F分系统副职指挥能力 U_{212}
		FM小系统指挥 U_{213}
		FD小系统能力 U_{214}
	K分系统综合指挥能力 U_{22}	K分系统指挥能力 U_{221}
		K分系统副职指挥能力 U_{222}
		KZ小系统指挥能力 U_{223}
		KF小系统指挥能力 U_{224}
全系统所有重要操作手的综合测试能力 U_3	FM小系统操作手综合测试能力 U_{31}	该小系统专业一的测试能力 U_{311}
		该小系统专业二的测试能力 U_{312}
		该小系统专业三的测试能力 U_{313}
		……
	FD小系统操作手综合测试能力 U_{32}	该小系统专业一的测试能力 U_{321}
		该小系统专业二的测试能力 U_{322}
		该小系统专业三的测试能力 U_{323}
		……

（续）

一级指标及代码	二级指标及代码	三级指标及代码
全系统所有重要操作手的综合测试能力 U_3	KZ 小系统操作手综合测试能力 U_{33}	该小系统专业一的测试能力 U_{331}
		该小系统专业二的测试能力 U_{332}
		该小系统专业三的测试能力 U_{333}
		……
	KF 小系统操作手综合测试能力 U_{34}	该小系统专业一的测试能力 U_{341}
		该小系统专业二的测试能力 U_{342}
		该小系统专业三的测试能力 U_{343}
		……
	JC 小系统操作手综合测试能力 U_{35}	JC 小系统专业一的测试能力 U_{351}
		JC 小系统专业二的测试能力 U_{352}
全系统综合技术把关能力 U_4	FM 小系统综合把关能力 U_{41}	
	FD 小系统综合把关能力 U_{42}	
	KZ 小系统综合把关能力 U_{43}	
	KF 小系统综合把关能力 U_{44}	
	JC 小系统综合把关能力 U_{45}	

2. 整体操作能力的划分

整体能力也按三、二、一级，由低向高划分为3个能力层次。

全武器系统达到三、二、一级操作能力的评判标准如表8.4所列。

根据上述分析构建表8.5发射营发射能力评判标准。

表8.5　全武器系统整体操作能力标准

整体操作能力	全系统指挥长	子系统指挥长	测试操作人员	技术人员
一级能力	一级	KZ、FD 小系统指挥长达到一级，其他系统指挥长达到三级以上	本小系统有1名达到一级，其他达到二级。或本小系统至少有2名达到一级，其他手达到三级	KZ、FD 达到一级，其他达到二级
二级能力	二级	KZ、FD 小系统指挥长达到一级，其他小系统指挥长达到三级，或者所有小系统指挥长均达到二级	本小系统有1名达到一级，其他达到三级，或者本系统的所有操作号手均达到二级	KZ、FD 达到一级，其他专业达到二级，或4个专业均达到二级

（续）

整体操作能力	全系统指挥长	子系统指挥长	测试操作人员	技术人员
三级能力	三级	KZ、FD小系统指挥长达到二级，其他小系统指挥长达到三级	本小系统至少有1名达到二级，其他操作号手达到三级	KZ、FD达到二级，其他专业达到三级

8.4.3 指数评估模型的构建过程

1. 建模规则

从考核评估的实际需求出发，评估模型不仅要能够区分不同能力层次，还应能够对处于同一能力层次内的能力进行排序，提出两条建模规则。

1）“短板”规则

短板规则是指木桶盛水的最大容量取决于木桶中最短的那块木板，将全武器系统所有关键岗位中的最弱项明确为整体操作能力评定时的“短板”，以解决能力层次的区分问题。“短板”规则要求所有岗位人员均达到相应标准时，该系统的能力评定才能达到相应层次。

2）“补偿”规则

将系统强项作为同层次内部排序的依据。“补偿”规则是指对同层次内具有整体优势者予以名次上的补偿，一般以岗位操作能力的加权和（即整体岗位操作能力）作为整体优势计算的依据。操作能力占优者，其排名应在同层次内部靠前。

2. 建立评估模型

能力评估作为军事效能评估学科的重要应用领域，其评估方法有多种，如层次分析法（AHP）、模糊综合评判法（Fuzzy）、神经网络（Neural Network）、网络分析法（Analytic Network Process，ANP）及指数方法等[17]。上述方法中，指数模型具有简洁实用、理论方法成熟等优点，已被广泛应用于作战能力评估领域；因此，本文考虑按照上述规则，采用基础分+补偿分”的思路构建操作能力评估的指数模型[18-19]。基础分按达到相应的能力层次赋予相应的基础分值，分别为0（没有获得岗位等级考核成绩）、0.6（三级）、0.8（二级）、0.9（一级）。采用指数模型构建补偿项计算式。设全系统指挥长指挥能力的值为A_1，各分系统指挥长指挥能力其值为A_2，全系统重要操作手测试能力的值为A_3，全系统技术人员独立把关能力的值为A_4，全系统操作计算值为A。其计算公式为

$$x = A_1 + A_2 + A_3 + A_4$$

$$A = \begin{cases} 1.001 - 0.101 \cdot \exp[-2.5 \cdot \ln(101) \cdot (x - 3.6)] \\ \qquad (A_i \geqslant 0.9) \\ 0.901 - 0.101 \cdot \exp\left[-\frac{10}{7} \cdot \ln(101) \cdot (x - 3.2)\right] \\ \qquad (3.2 \leqslant x < 3.9 \text{ 且所有 } A_i > 0.8\text{，至少有一个 } A_i < 0.9) \\ 0.801 - 0.201 \cdot \exp\left[-\frac{\ln(201)}{1.4} \cdot (x - 2.4)\right] \\ \qquad (2.4 \leqslant x < 3.2 \text{ 或 } 3.2 \leqslant x < 3.8 \text{ 且至少有一个 } A_i < 0.8) \end{cases}$$

$$(i = 1,2,3,4) \tag{8.41}$$

3. 各级指标的计算

1）一级指标的计算

一级指标的计算是指计算 U_1、U_2、U_3 3 个因素的值。

（1）全系统指挥长的综合指挥能力 U_1 值的计算模型。令全系统指挥长的指挥能力其值为 A_{11}，全系统副指挥长能力的评估结果为 A_{12}，记该全系统综合指挥能力 U_1 的值为 A_1。下面推导 A_1 的计算公式。

考虑到当全系统指挥长不在位时，副职可代其指挥，故对于全系统指挥长和全系统副指挥长指挥能力的量化，仍然可以采用“基础分 + 补偿分”的方法。基础分是全系统指挥长的能力的得分，补偿分则采用全系统副指挥长能力得分乘以相应权重的方法予以解决。以全系统指挥长能力达到一级为例来说明其建模思路。

当全系统指挥长达到一级时，其基础分应为 0.9；补偿分最高不能超过 0.1，最低不能低于 0。由于全系统副指挥长能力只可能取 0、0.6、0.8 和 0.9。因此，补偿分的计算式应为 $A_{12}/9$。

最后得到 A_1 的计算公式为

$$A_1 = \begin{cases} 0.9 + A_{12}/9 & (A_{11} \geqslant 0.9) \\ 0.8 + A_{12}/9 & (0.8 \leqslant A_{11} < 0.9) \\ 0.6 + 2 \cdot A_{12}/9 & (0.6 \leqslant A_{11} < 0.8) \end{cases} \tag{8.42}$$

（2）分/小系统指挥长指挥能力 U_2 值的计算模型。将分系统指挥长按 F 分系统和 K 分系统划分成两大类。显然，这两个分系统的关系应是串行关系，离开了其中的任何一个，全系统都不可能遂行操作任务。令 F 分系统所有小系统指挥岗位指挥能力之和为 A_{21}，K 分系统所有系统指挥岗位指挥能力之和为 A_{22}，那么，全系统指挥人员指挥能力（U_2）的值 A_2 为

$$x_2 = A_{21} + A_{22}$$

$$A_2 = \begin{cases} 1.001 - 0.101 \cdot \exp[\ln(1/101)/0.2 \cdot (x_2 - 1.8)] & (x_2 \geqslant 1.8) \\ 0.901 - 0.101 \cdot \exp[\ln(1/101)/0.2 \cdot (x_2 - 1.6)] & (1.6 \leqslant x_2 < 1.8) \\ 0.801 - 0.201 \cdot \exp[\ln(1/201)/0.4 \cdot (x_2 - 1.2)] & (1.2 \leqslant x_2 < 1.6) \end{cases} \tag{8.43}$$

（3）全系统操作人员的测试能力 A_3 的计算模型。令FM小系统、FD小系统、KZ小系统、KF小系统、JC小系统操作手测试能力其值分别记为 A_{31}、A_{32}、A_{33}、A_{34}、A_{35}，则全系统所有测试操作人员的测试能力 A_3 可用下式计算，即

$$x_3 = \sum_{i=1}^{5} A_{3i}$$

$$A_3 = \begin{cases} 1.001 - 0.101 \cdot \exp[-\ln(101)/0.5 \cdot (x_3 - 4.5)] \\ \qquad (A_{3i} \geqslant 0.9) \\ 0.901 - 0.101 \cdot \exp[-\ln(101)/0.9 \cdot (x_3 - 4.0)] \\ \qquad (4.0 \leqslant x < 4.9 \text{ 且所有 } A_{3i} > 0.8 \text{ 且至少有一个 } A_{3i} < 0.9) \\ 0.801 - 0.201 \cdot \exp[-\ln(201)/1.8 \cdot (x_3 - 3.0)] \\ \qquad (3.0 \leqslant x_3 < 4.0 \text{ 或 } 4.0 \leqslant x_3 < 4.8 \text{ 且至少有一个 } A_{3i} < 0.8) \end{cases}$$

$$(i = 1,2,3,4,5) \tag{8.44}$$

（4）全系统所有技术人员的综合技术把关能力 A_4 的计算模型。令FM、FD、KZ、FD和JC专业技术把关人员的技术把关能力其值分别记为 A_{41}、A_{42}、A_{43}、A_{44}、A_{45}，则全系统综合技术把关能力 A_4 可用下式计算，即

$$x_4 = A_{41} + 3A_{42} + 3A_{43} + A_{44} + A_{45}$$

$$A_4 = \begin{cases} 1.001 - 0.101 \cdot \exp[-\ln(101)/1.2 \cdot (x_4 - 7.8)] & (\text{达到一级标准}) \\ 0.901 - 0.101 \cdot \exp[-\ln(101)/1.2 \cdot (x_4 - 7.2)] & (\text{达到二级标准}) \\ 0.801 - 0.201 \cdot \exp[-\ln(201)/0.6 \cdot (x_4 - 6.6)] & (\text{达到三级标准}) \end{cases} \tag{8.45}$$

2）二级指标的计算

二级指标主要计算系统指挥长、副指挥长指挥能力 A_{11} 和 A_{12}，F分系统所有指挥岗位指挥能力 A_{21}，K分系统所有指挥岗位综合发射指挥能力 A_{22}，FM、FD、KZ、FD和JC小系统操作手测试操作能力 A_{31}、A_{32}、A_{33}、A_{34}、A_{35} 的值，FM、FD、KZ、FD和JC专业技术把关综合能力 A_{41}、A_{42}、A_{43}、A_{44}、A_{45} 的值。

（1）全系统指挥长/副指挥长指挥能力的计算方法。全系统指挥长指挥能力 A_{11} 可用下式计算，即

$$A_{11} = \begin{cases} 0.9 & (一级) \\ 0.8 & (二级) \\ 0.6 & (三级) \end{cases} \tag{8.46}$$

系统副指挥的指挥能力 A_{12} 同样可用式(8.46)加以计算。

(2) F/K 分系统指挥岗位指挥能力 A_{21} 和 A_{22} 的计算方法。考虑到 F 分系统长、副分系统、FM 小系统和 FD 小系统都在 F 分系统,专业上相近,一旦某个岗位出现减员,可以接替指挥,因此,在计算 F 分系统指挥长的综合发射指挥能力时,采取对个体赋予不同权重,再用其权值之和表征整个 F 分系统指挥能力。

设 F 分系统 4 个指挥岗位中的分系统、分副系统长、FM 和 FD 小系统指挥能力的值记为 A_{211}、A_{212}、A_{213}、A_{214},则 A_{21} 的计算式为

$$A_{21} = \sum_{i=1}^{4} R_{21i} \times A_{21i} \tag{8.47}$$

式中　$R_{21i}(i=1,2,3,4)$——A_{211}、A_{212}、A_{213}、A_{214} 的权重。

分系统级与小系统指挥长的权重比为 4 : 6;

分系统指挥长与副指挥长的权重比为 7 : 3;

FD 与 FM 子系统的权重比为 6 : 4。

因此,$R_{211} = 0.4 \times 0.7 = 0.28$,$R_{212} = 0.4 \times 0.3 = 0.12$,$R_{213} = 0.6 \times 0.4 = 0.24$,$R_{214} = 0.6 \times 0.6 = 0.36$。

采用同样方法可计算出 K 分系统指挥能力 A_{22}。

(3) 各系统操作手的综合测试能力的计算。令 N_i 分别表示第 i 个系统内重要岗位操作手个数。$A_{3\_i\_k}$ 表示第 i 个系统内第 i 个岗位操作手的岗位核心能力。$A_{3\_i}(i=1,2,3,4,5)$ 分别表示 FM、FD、KZ、FD 及 JC 操作手综合发射能力的值。各系统操作手综合操作能力的计算式为

$$x_i = \sum_{k=1}^{N_i} A_{3\_i\_k} \quad (i = 1,2,3,4,5) \tag{8.48}$$

$$A_{3\_i} = \begin{cases} 1.9 - \exp\left[\dfrac{\ln(0.9)}{1 - N_i} - \dfrac{\ln(0.9)}{0.3 \cdot (1 - N_i)} \cdot (x_i - N_i \cdot 0.6)\right] \\ \qquad (x_i \geqslant (N_i - 1) \cdot 0.6 + 0.9) \\ 1.8 - \exp\left[\dfrac{\ln(0.9)}{1 - N_i} - \dfrac{\ln(0.9)}{0.2 \cdot (1 - N_i)} \cdot (x_i - N_i \cdot 0.6)\right] \\ \qquad (N_i \cdot 0.6 < x_i < (N_i - 1) \cdot 0.6 + 0.9) \\ 0.6 \qquad (x_i = N_i \cdot 0.6) \end{cases} \tag{8.49}$$

(4) 各系统技术人员技术核心能力的计算。其计算方法与全系统指挥长指

挥能力的计算办法相同。

3）三级指标的计算

需要计算的三级指标是指F分系统指挥长，K分系统指挥长，F分系统副指挥长，K分系统副指挥长，FM、FD、KZ、FD小系统副指挥长8个重要指挥岗位的指挥能力，每个重要操作手的测试操作核心能力。在评估全系统指挥长、分系统指挥长及操作手岗位资格能力时，采取的是由低至高、三级能力评估标准，对应的量化值分别计为0.6、0.8、0.9。

4. 计算评判结果

对这3个层次的发射能力，可用数值进行表达，令全系统操作能力的计算值为A，则

$$\begin{cases} A \geqslant 0.9 & (\text{具备独立战斗发射能力}) \\ 0.8 \leqslant A < 0.9 & (\text{具备独立测试发射能力}) \\ 0.6 \leqslant A < 0.8 & (\text{具备独立实装操作能力}) \end{cases} \tag{8.50}$$

8.4.4 实例

为验证模型的科学性和可行性，以考核成绩为例，对操作能力进行评估（表8.6）。

表8.6 某分队训练考核成绩表

岗位/成绩	一套	二套	三套
全系统指挥	一级	二级	二级
全系统副指挥	三级	二级	二级
F分系统指挥长	二级	三级	二级
F分系统副指挥长	三级	二级	二级
FM小系统指挥长	一级	三级	二级
FD小系统指挥长	二级	二级	二级
K分系统指挥长	一级	二级	二级
K分系统副指挥长	三级	三级	三级
KZ小系统指挥长	一级	三级	二级
KF小系统指挥长	二级	一级	三级
FM专业一	一级	二级	二级
FM专业二	二级	二级	一级
FM专业三	一级	二级	一级
FD专业一	二级	一级	二级

（续）

岗位/成绩	一套	二套	三套
FD 专业二	二级	三级	一级
FD 专业三	二级	三级	一级
KZ 专业一	二级	二级	二级
KZ 专业二	二级	一级	二级
KZ 专业三	一级	二级	二级
KF 专业一	一级	三级	二级
KF 专业二	二级	一级	二级
KF 专业三	一级	二级	三级
JC 专业一	二级	二级	二级
JC 专业二	一级	三级	一级
FM 专业技术把关	二级	二级	一级
FD 专业技术把关	一级	三级	二级
KZ 专业技术把关	二级	二级	二级
KF 专业技术把关	一级	二级	二级
JC 专业技术把关	二级	一级	二级

根据本文所建模型，经计算，第一套全系统的整体操作能力量化值为 92，具备一级操作能力；第二套全系统的整体操作能力量化值为 85，具备二级操作能力；第三套全系统的整体操作能力值为 88，具备二级操作能力。各分队发射能力排序是：一套 > 三套 > 二套。

8.4.5　评论

指数评估模型，可对导弹全武器系统操作能力进行准确评估。与 ADC 和 SEA 方法类似，指数法受主观因素的影响较小，适用于对作战能力作细致的分析，分析准确性较高，且建模相对简单，不足之处在于评估所需数据量较大。

8.5　数据包络分析方法用于导弹武器装备的采购

根据导弹武器装备采购方案要素建立采购方案评估指标体系，确认可用于采购方案相对有效性分析的输入与输出指标。运用数据包络分析中 C^2R 评估模型对采购方案进行了相对有效性分析。

8.5.1 建模背景

为了使导弹武器装备的采购建立在较为科学和严密的理论基础上，减少人为因素影响，建立采购方案相对有效性分析模型十分必要。武器装备的采购往往需要考虑的因素很多，既有武器性能方面的比较，又有武器购置费用和使用维修等费用的对比[19]。对于这类多投入、多产出问题，运用传统的费用—效能分析理论时进行分析时，需要确定各类指标的权重，往往存在较大的主观性，影响了评估结论的可信性[20]。数据包络分析(Data Envelopment Analysis，DEA)是使用数学规划模型比较各种方案之间相对有效性的方法[21]。由于使用DEA方法研究多输入、多输出决策方案时，无需对任何指标的权重进行假设，避免了主观因素的影响，简化了算法，是一种理想的多目标决策方法，故自1978年该方法被提出后，已经在社会生产的各个方面获得了广泛的应用[22-23]。在此，运用DEA方法研究导弹武器装备采购方案的相对有效性评价问题。

8.5.2 运用DEA方法时如何构建评价指标体系

采用DEA方法对装备采购方案进行相对有效性评价的基本思想是：将方案看成是具有多投入、多产出指标的标准决策单元，在此单元中通过一定的要素投入可以得到一定的产出；因此，运用DEA方法进行决策方案的有效性分析的第一步是分析影响方案评价结果的各项因子，并确定合理的投入与产出指标体系。

1. 导弹装备采购方案的影响因子分析

一般而言，对于武器装备的采购主要考虑武器系统的性能与所需费用两大方面。其中，武器性能一般是指射程、射高、速度、机动性能、毁伤能力五大性能，分别用最大射程、最大射高、导弹最大飞行速度、最大过载、单发杀伤概率5个指标表征。武器系统的费用目前比较通用的方法是采用全寿命费用(LCC)的概念。全寿命费用是指装备从开始论证(包括战术指标论证和方案论证)、研制(包括样品研制和定型)、生产、使用(含技术保障和储存等)和退役处理各阶段一系列费用的总和。由于战时导弹主战武器系统在完成作战使命的同时，自行销毁，即使没有在战场上销毁，退役后的导弹最后要封存起来，费用值并不大。因此，根据导弹维护使用的特点，我们不考虑导弹装备的退役处置费用，而认为导弹武器装备的全寿命费用包括论证与研制费用、购置费用和使用维修费用三大部分。

另外，有关资料表明，导弹武器前期的研制和购置费用可能不高，但后期的投入要远大于前期的研制和购置费。根据美国海军1987的统计数字，美军典型导弹武器系统使用保障费用所占比例高达67%。特别是这十几年来，由于导弹武器系统的自动化和系统化水平在不断提高,使用保障费用在武器系统的寿命周期费用中所占的比例还在不断提高。根据美国国防部近几年的统计数字,美国复杂武器装备的使用与保障费用占装备寿命期费用高达70% ~80%。

进行装备采购方案决策的实质就是对各种采购方案的产出与投入进行比较分析,从中选择效费比最高的一种方案。

2. 评价指标体系的确认

由于在不同指标体系下,同一决策方案的DEA有效性系数是不同的,各决策方案的相对有效性评价的结果与所选用的指标体系是密切相关的,因此,确定合理的指标体系是应用DEA方法的关键[24]。关于投入产出指标的选取问题,已有多篇文献进行过探讨,参考文献[25－26]将选择投入产出指标的一般原则描述为:将那些被决策单元利用的物质或影响决策单元生产行为的因素作为投入指标;将那些因决策后形成的产物或利益作为产出。这一指标体系的选择原则主要还是针对工业生产部门而言,并且还只讨论了投入与产出指标的划分原则,并没有深入研究评价指标增减对评价方案相对有效变化影响。故对导弹装备采购方案的相对有效性评价的指标体系问题确定时意义不太大。影响导弹装备采购的因素很多,但如果考虑因素过多,指标过于复杂,不仅会影响计算速度,还会影响评价的可靠性,故需要在众多的影响因子中选择对方案评价灵敏度高的因子,将其确定为评价指标体系中的投入或产出指标。

在导弹武器装备的采购中,显然可以用装备的全寿命周期费用作为投入指标,以武器的性能作为产出指标。

在经费投入指标中,由于淘汰费用相对于其他费用很少,为减少评价指标数目,故首先将该项从投入指标体系中清除;又由于武器从研制到生产所需的研制费用,难以直接计算,并且军方在采购装备时,是把装备当成商品采购的,研制生产费用已经折合在武器装备购置费用当中,故经费投入指标只考虑武器系统(或发射平台)的购置费用、单件(枚)武器的购置费用和武器系统的使用维修费用。

方案投入指标:

(1) 武器系统的购置费 X_1;

(2) 单件(枚)武器的购置费 X_2;

(3) 武器系统的使用维修费用 X_3。

在性能产出指标中,选择武器的最大射程、最大射高、最大速度、最大过载、单发杀伤概率作为产出指标。

方案产出指标:

（1）最大射程 Y_1；

（2）最大射高 Y_2；

（3）最大速度 Y_3；

（4）最大过载 Y_4；

（5）单发杀伤概率 Y_5。

8.5.3 采购方案评价的数据包络分析模型

假设装备采购方案有 n 种备选方案，称第 j 种待评价方案为决策单元 j，以 DMU_j 表示之。每个方案都有 m 种类型的投入和 S 种类型的产出，其投入和产出分别用向量矩阵表示为 $\boldsymbol{X}=(x_{ij})_{m\times n}$，$\boldsymbol{Y}=(y_{rj})_{s\times n}$，其中 X_{ij} 表示 DMU_j（第 j 个作战决策方案，$j=1,2,\cdots,n$）的第 i 个投入指标值，y_{rj} 表示 DMU_j 的第 r 个产出指标值，X_{ij} 和 y_{rj} 均为实际统计数据。

DMU_j 的投入产出效率指数可表示为

$$h_j = \sum_{r=1}^{s} u_r y_{rj} \Big/ \sum_{i=1}^{m} v_i x_{ij} \tag{8.51}$$

其中，$u_r, v_i \geqslant 0\,(r=1,2,\cdots,s; i=1,2,\cdots,m)$ 分别是对第 γ 种产出和第 i 种投入的一种度量（或称权），总可适当选取 $\boldsymbol{u}=(u_1,u_2,\cdots,u_s)^{\mathrm{T}}$ 和 $\boldsymbol{v}=(v_1,v_2,\cdots,v_m)^{\mathrm{T}}$ 使其满足 $h_j\leqslant 1, j=1,2,\cdots,n$。以 DMU_k 作为评价对象，构成最优化模型，即得到 C^2R 模型（分式规划）为

$$\begin{gathered}\max \sum_{r=1}^{s} u_r y_{rk} \Big/ \sum_{i=1}^{m} v_i x_{ik} \\ \text{s.t.} \sum_{r=1}^{s} u_r y_{rk} \Big/ \sum_{i=1}^{m} v_i x_{ik} \leqslant 1 \\ j=1,2,\cdots,n, u\geqslant 0, v\geqslant 0 \end{gathered} \tag{8.52}$$

将式（8.52）写成矩阵形式，并经过 Charnes－Cooper 变换 $t=1/\boldsymbol{v}^{\mathrm{T}}x_k$，$\omega=t\boldsymbol{v}$，$\mu=t\boldsymbol{u}$，并引进参数 δ（$\delta=0$ 或 1），可将分式形式的 C^2R 模型化为等价的线性规划模型，即

$$\begin{gathered}\max \boldsymbol{\mu}^{\mathrm{T}}\boldsymbol{y}_k = \boldsymbol{h}_k \\ \text{s.t.}\begin{cases}\boldsymbol{\omega}^{\mathrm{T}}\boldsymbol{x}_j - \boldsymbol{\mu}^{\mathrm{T}}\boldsymbol{y}_j \geqslant 0 \quad (j=1,2,\cdots,n) \\ \boldsymbol{\omega}^{\mathrm{T}}\boldsymbol{x}_k = 1, \boldsymbol{\omega}\geqslant \varepsilon\cdot \boldsymbol{e}_1^{\mathrm{T}}, \boldsymbol{\mu}\geqslant \varepsilon\cdot\boldsymbol{e}^{\mathrm{T}} \\ \boldsymbol{e}_1^{\mathrm{T}}\in E_m, \boldsymbol{e}^{\mathrm{T}}\in E_s\end{cases}\end{gathered} \tag{8.53}$$

其中

$$\boldsymbol{x}_j = (x_{1j},x_{2j},\cdots,x_{mj})^{\mathrm{T}}, \boldsymbol{y}_j = (y_{1j},y_{2j},\cdots,y_{sj})^{\mathrm{T}}, j=1,2,\cdots,n$$

式中　ε——非阿基米德无穷小。

式(8.53)的对偶规划问题为

$$\min \quad [\theta_k - \varepsilon(\boldsymbol{e}_1^{\mathrm{T}}\boldsymbol{S}^- + \boldsymbol{e}^{\mathrm{T}}\boldsymbol{S}^+)]$$

$$\text{s. t.}\begin{cases}\sum_{j=1}^{n}\boldsymbol{x}_j\lambda_j + \boldsymbol{S}^- = \boldsymbol{x}_k\theta_k, & \boldsymbol{S}^- = (S_1^-, S_2^-, \cdots, S_m^-)^{\mathrm{T}} \geqslant 0 \\ \sum_{j=1}^{n}\boldsymbol{x}_j\lambda_j - \boldsymbol{S}^+ = \boldsymbol{y}_k, & \boldsymbol{S}^+ = (S_1^+, S_2^+, \cdots, S_s^+)^{\mathrm{T}} \geqslant 0 \\ \boldsymbol{\lambda} = (\lambda_1, \lambda_2, \cdots, \lambda_n)^{\mathrm{T}} \geqslant 0, \quad j = 1, 2, \cdots, n \end{cases} \tag{8.54}$$

将有关数据代入式(8.54)中,即可求得各方案的线性规划最优解为

$$\boldsymbol{\theta}_k^*, \boldsymbol{\lambda}_k^* = (\lambda_1^*, \lambda_2^*, \cdots, \lambda_n^*)^{\mathrm{T}}$$
$$\boldsymbol{S}^{-*} = (S_1^{-*}, S_2^{-*}, \cdots, S_m^{-*})^{\mathrm{T}}$$
$$\boldsymbol{S}^{+*} = (S_1^{+*}, S_2^{+*}, \cdots, S_s^{+*})^{\mathrm{T}}$$

可按如下原则判断方案的总体效率是否为 DEA 有效[3-4]。

(1) 若 $\theta_k^* = 1$,且 $S^{-*} = 0, S^{+*} = 0$,即 $\sum_{i=1}^{m} S_i^{-*} + \sum_{r=1}^{s} S_s^{+*} = 0$, 则 DMU_k 为 DEA 有效,表示在这 n 个采购方案中,在输入 X_k 的基础上所获得的输出 Y_k 已经达到最优。

(2) 若 $\theta_k^* = 1$,且 $S^{-*} \neq 0$ 或 $S^{+*} \neq 0$,即 $\sum_{i=1}^{m} S_i^{-*} + \sum_{r=1}^{s} S_s^{+*} \neq 0$, 则 DMU_k 为弱 DEA 有效,表示在这 n 个采购方案中,对于第 K 个方案,输入 X_k 可以减少 S^{-*} 而保持原输出 Y_k 不变,或在输入 X_k 不变的情况下可将输出提高 S^{+*}。

(3) $\theta_k^* < 1$ 时,则称 DMU_k 为 DEA 无效,表示在这 n 个采购方案中,可以通过组合将输入降到原投入 X_k 的 θ_k^* 的比例而保持原输出 Y_k 不减。

对于决策方案的 DEA 有效性主要分析各方案的规模及相对规模效益情况,可按如下规则确定。

(1) 若 $\frac{1}{\theta_k^*}\sum_{j=1}^{n}\lambda_j^* = 1$, 则 DMU_k 为规模最佳,规模效益不变。

(2) 若 $\frac{1}{\theta_k^*}\sum_{j=1}^{n}\lambda_j^* > 1$, 则 DMU_k 为规模偏大,规模效益递减。

(3) 若 $\frac{1}{\theta_k^*}\sum_{j=1}^{n}\lambda_j^* < 1$, 则 DMU_k 为规模偏小,规模效益递增。

8.5.4　有效方案的排序方法

采用 DEA 方法的上述模型能够有效地从所有备选采购方案中剔除非有效

采购方案,但对于多个 DEA 有效的备选方案如何进行排序呢？在此,本文推荐一种根据各有效方案的平均横切效率进行方案排序的方法。

所谓某种方案的横切效率,是指用另一种方案的输出权重与本方案的输出向量相乘所得到的结果。平均横切效率则是指某方案相对于其他各种方案的横切效率的平均值。令有效方案有 $N(N \leqslant n)$ 个,第 k 个有效方案的平均横切效率令为 HQXL_k,则

$$\mathrm{HQXL}_k = \sum_{\substack{r=1 \\ r \neq k}}^{N} u_r \cdot Y_k/(N-1) \quad (k = 1,2,\cdots,N) \tag{8.55}$$

8.5.5 实例

利用前述的模型对导弹导弹武器装备采购方案的相对有效性进行评价。假设根据作战需求,要制造的导弹武器要求如下：最大射程不低于 100km,最大射高不低于 20km,最大马赫数不低于 2,最大机动过载不低于 $20g$,单发杀伤概率不低于 0.75。现有多家公司竞标,共提供了 8 套方案,其数据如表 8.7 所列。现在需要从这 8 套中挑选出最优的方案,并对各种方案的有效性进行排序。

表 8.7　导弹武器装备竞标方案

方案序号	导弹型号	射程 Y_1/km	射高 Y_2/km	马赫数 Y_3	过载 Y_4/g	单发杀伤概率 Y_5	武器系统采购费 X_1 /百万 \$	单弹采购费 X_2 /百万 \$	使用维修费用 X_3 /百万 \$
1	XX - 1	100	21	2.2	20	0.75	5	25	65
2	XX - 2	120	24	2.4	22	0.78	6	28	80
3	XY - 2	125	25	2.5	22	0.76	6	30	81
4	XY - 2	135	26	2.5	23	0.77	7	32	90
5	YY - 1	110	24	2.1	21	0.75	6	26	70
6	YY - 2	126	25	2.3	24	0.78	6.5	30	82
7	ZZ - 1	128	25	2.4	23	0.77	7	32	91
8	ZZ - 2	135	28	2.5	24	0.8	8	36	110

说明：表 8.7 中数据并不准确,只作为方法介绍用。

将表 8.7 中的原始数据按要求代入线性规划模型式(8.53)和式(8.54)中,利用单纯形法在计算机上进行计算,求得评价结果分别如表 8.8 和表 8.9 所列。

表 8.8　各竞标方案的计划结果

	方案 1	方案 2	方案 3	方案 4	方案 5	方案 6	方案 7	方案 8
h_k	1.0000	1.0000	1.0000	0.9878	1.0000	1.0000	0.9343	0.8796
ω_1	0.1510	0.0027	0.0027	0.0005	0.0025	0.0758	0.0024	0.9096
ω_2	0.0345	0.0235	0.0017	0.0050	0.0004	0.1480	0.0017	0.0000
ω_3	0.1449	0.0018	0.0009	0.0050	0.0026	0.1012	0.0015	0.0261
u_1	0.0024	0.0232	0.0027	0.0073	0.0000	0.0000	0.0000	0.0000
U_2	0.0129	0.0075	0.0104	0.0003	0.0294	0.0159	0.0004	0.2990
U_3	0.0283	0.0266	0.0002	0.0031	0.0005	0.0023	0.0245	0.0064
U_4	0.0000	0.0243	0.0024	0.0073	0.0000	0.0000	0.0000	0.0000
U_5	0.0000	0.0278	0.0000	0.0056	0.0046	0.0000	0.0000	0.0000

表 8.9　各竞标方案的有效性评价

	方案 1	方案 2	方案 3	方案 4	方案 5	方案 6	方案 7	方案 8
θ_k	1.0	1.0	1.0	0.99	1.0	1.0	0.93	0.88
λ_1	1.0	0	0	0	0	0	0	0
λ_2	0	1.0	0	0.82	0	0	0.98	0.67
λ_3	0	0	1.0	0	0	0	0	0
λ_4	0	0	0	0	0	0	0	0
λ_5	0	0	0	0.33	1.0	0	0.09	0.5
λ_6	0	0	0	0	0	1.0	0	0
λ_7	0	0	0	0	0	0	0	0
λ_8	0	0	0	0	0	0	0	0
$\frac{1}{\theta_k^*}\sum_{j=1}^{n}\lambda_j^*$	1.0	1.0	1.0	1.17	1.0	1.0	1.15	1.33
$\sum_{i=1}^{m}S_i^{-*}+\sum_{r=1}^{s}S_s^{+*}$	0	0	0	3.969	0	0	1.6	9.88

计算结果表明，方案 1、方案 2、方案 3、方案 5、方案 6 为 DEA 有效，其余方案 4、方案 7、方案 8 为非 DEA 有效；另外，从方案规模和相对规模效益情况来看，方案 1、方案 2、方案 3、方案 5、方案 6 规模最佳，其余方案规模偏大，且规模效益递减。

采用式(8.55)计算方案 1、方案 2、方案 3、方案 5、方案 6 的平均横切效率，得到的结果如表 8.10 所列。

表 8.10 各竞标方案的平均横切效率

	方案1	方案2	方案3	方案5	方案6
平均横切效率值	1.1937	1.3967	1.4484	1.3149	1.4662

因此,各种备选方案的总排序如下:

方案6 > 方案3 > 方案2 > 方案5 > 方案1 > 方案4 > 方案7 > 方案8

8.5.6 评论

从通过以上实际应用案例的分析可以看出,本文用DEA方法建立的导弹装备采购方案评价数据包络分析模型是一种非常有效的评价分析模型。应用该模型对武器装备采购方案进行决策分析,具有推导严密、评价结果可靠、可操作性强等优点,是武器装备采购的一种重要方法与手段。

参考文献

[1] 张廷良,陈立新.地地弹道式战术导弹效能分[M].北京:国防工业出版社,2001.

[2] 石喜林,谭俊峰.飞机跑道失效率计算的统计试验法[J].火力与指挥控制,2000,25(1):74-76.

[3] 程云门.评定射击效率[M].北京:解放军出版社,1995.

[4] 杨启仁.子母弹飞行动力学[M].北京:国防工业出版社,1999.

[5] 杨为民,感一兴.系统可靠性数字仿真[M].北京:北京航空航天大学出版社,1990.

[6] 邱成龙.地地导弹火力运用原理[M].北京:国防工业出版社,2001.

[7] 雷宁利,唐雪梅.侵彻子母弹对机场跑道的封锁概率研究[J].系统仿真学报,2004,16(9):2030-2032.

[8] 舒健生,李亚雄,苏国华.子母弹抛撒盲区对毁伤效果的影响研究.弹箭与制导学报,2008,28(3):150-152.

[9] KENNDEY J, EBERHART R C. Particle swarm optimization[A]. Proceedings of IEEE Conference on Neural Networks[C]. Perth Australia, 1995,4: 1942-1948

[10] 王伯成,施锦丹,王凯. 粒子群优化算法的研究现状与发展概述.电讯技术,2008,48(5):7 -11.

[11] 王晓英,邢志栋,黄瑞平.改进的粒子群优化算法.计算机应用与软件,2008,25 (5):85-86.

[12] IWAN W, LUTES L. Response of the bilinear hysteretic system to stationary random excitation[J]. Journal of Acoust Soc. Am, 1968, 43: 545-552.

[13] WEN Y K. Method for random vibration of hysteretic systems[J]. Proceedings of ASCE, Journal of Engineering Mechanics, 1976, 12: 249-263.

[14] A methodology to find overall system effectiveness in a multicriterion environment using surface to air missile

weapon systems as an example. AD A109549,1981.
[15] 李景文,毕义明,等.导弹武器系统工程[M].北京:国防工业出版社,2005.
[16] 徐安德.关于现代军事武器系统效能评定的研究.导弹与航天运载技术 [J].1993,23(5):36 -40.
[17] 张最良,李长生,等.军事运筹学[M] 北京:军事科学出版社,1993.
[18] 袁克余.武器系统效能研究中几个问题的探讨[J].系统工程与电子技术,1991,13(8):51 -57.
[19] 程开甲,李元正,等. 国防系统分析方法(下册)[M]. 北京:国防工业出版社,2003.
[20]吴国良,魏继才,霍家枢.武器系统研制费用—效能分析的应用[J].火力与指挥控制,2000(3):46 -50.
[21] 魏权龄.数据包络分析(DEA)[J].科学通报,2000(9):1793 -1808.
[22] 盛昭翰,朱乔,吴广谋.DEA 理论方法与应用[M].北京:科学出版社,1996.
[23] 冯靖.数据包络分析理论及应用[D].天津:天津大学,2005.
[24] 吴广谋,盛昭瀚.指标特性与 DEA 有效性的关系[J].东南大学学报,1992(9):124 -127.
[25] GOLANY B, ROLL Y. An Application Procedure for DEA[J]. omega, 1989, 17(3): 237 -250.
[26] 朱乔.数据包络分析(DEA)方法综述与展望[J].系统工程理论方法应用,1994(4):1 -9.

附录1　流程图

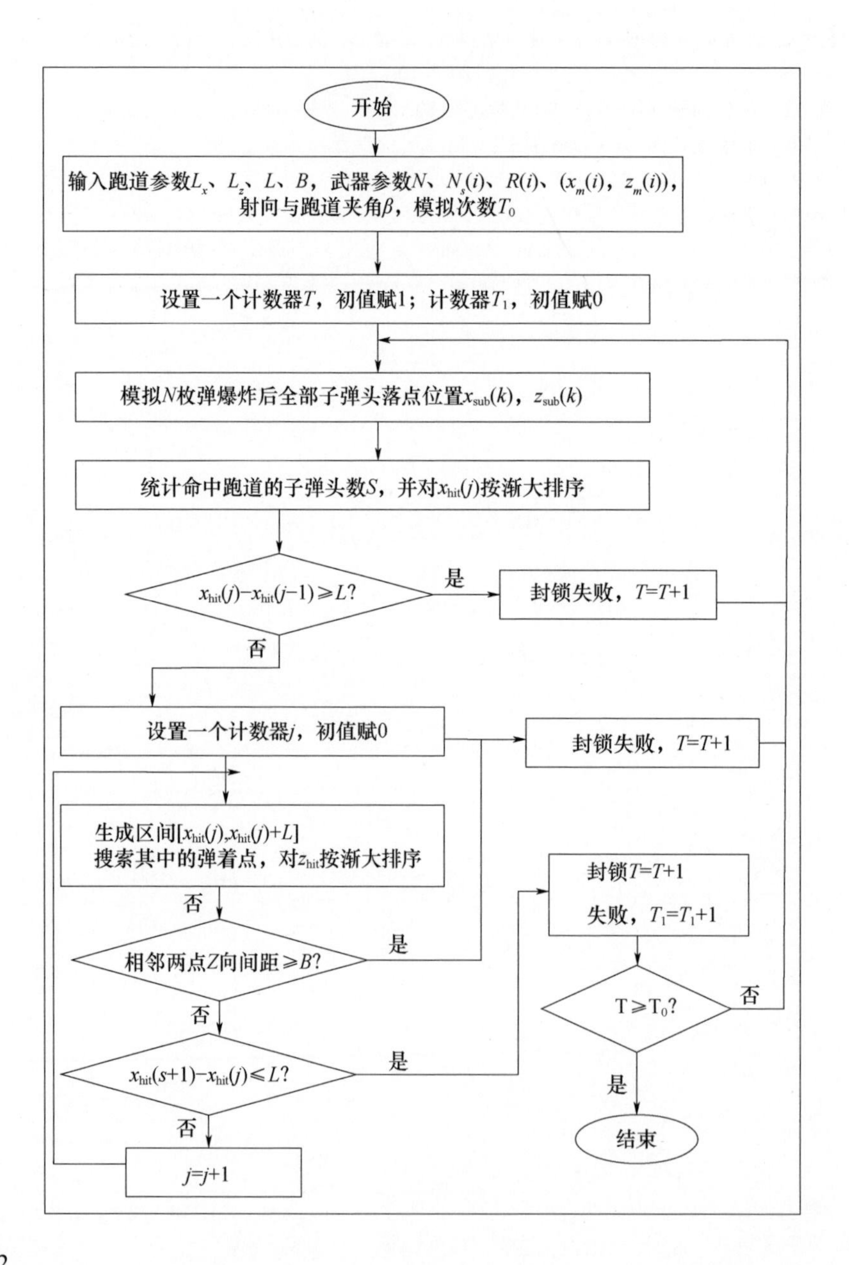

开始
输入跑道参数L_x、L_z、L、B，武器参数N、$N_s(i)$、$R(i)$、$(x_m(i)，z_m(i))$，射向与跑道夹角β，模拟次数T_0
设置一个计数器T，初值赋1；计数器T_1，初值赋0
模拟N枚弹爆炸后全部子弹头落点位置$x_{sub}(k)$，$z_{sub}(k)$
统计命中跑道的子弹头数S，并对$x_{hit}(j)$按渐大排序
$x_{hit}(j)-x_{hit}(j-1)\geqslant L$?
是
封锁失败，T=T+1
否
设置一个计数器j，初值赋0
封锁失败，T=T+1
生成区间$[x_{hit}(j),x_{hit}(j)+L]$
搜索其中的弹着点，对z_{hit}按渐大排序
否
相邻两点Z向间距$\geqslant B$?
是
封锁T=T+1
失败，T_1=T_1+1
否
$T\geqslant T_0$?
否
$x_{hit}(s+1)-x_{hit}(j)\leqslant L$?
是
否
是
结束
j=j+1

附录2　计算范例程序

```
#include "stdafx.h"
#include "ClassDefine.h"

CRunWay::CRunWay()
{


}
CRunWay::~CRunWay()
{


}
void CRunWay::About()
{
    MessageBox(NULL,"指标计算类  My Studio 于20XX年开发。","类信息",MB_SYSTEMMODAL
+MB_OK);
}

BOOL CRunWay::DPR_MonteCarlo_E(long lngSimuTimes,
                               RegularTarget GivenRunWay,
                               long lngMissileNum,
                               Missile GivenMissile[],
                               DEIndex& MyDEI,
                               long lZD)
{
    long lngN ;
    long lngNsm;
    double Lb;
    double Le;
    BOOL blnFoundMLW;
    long lngNs;
    long lngNsD;
    double Xm[800];
    double Ym[800];
```

```
    double Rm[800];
    long lngNsMlw;
    double Xmlw[500];
    double Ymlw[500];
    double Rmlw[500];
    WarHead MyWarHead[40];
    long i,j;
    double tempX;
    //初始化变量
    MyDEI.ANH = 0;
    lngNs = 0;
    srand( (unsigned)time(NULL) );
    for (lngN =0;lngN < lngSimuTimes;lngN + +)
    {
ScatterWeapon(lngMissileNum,GivenMissile,MyWarHead);
        lngNsm = 0;
        lngNsD = 0;
        for (i =0;i < lngMissileNum;i + +)
        {
            for (j =0;j < MyWarHead[i].Ns;j + +)
            {
                if(MyWarHead[i].Ys[j] > -0.5 *
GivenRunWay.W - MyWarHead[i].Rs   && MyWarHead[i].Ys[j] <0.5 *
GivenRunWay.W + MyWarHead[i].Rs)
                {
                    if((MyWarHead[i].Xs[j] > = -0.5 *
GivenRunWay.L&&MyWarHead[i].Xs[j] < =0.5 * GivenRunWay.L)
                        ||(MyWarHead[i].Xs[j] > -0.5 * GivenRunWay.L
-MyWarHead[i].Rs && MyWarHead[i].Xs[j] <0.5 * GivenRunWay.L
+MyWarHead[i].Rs
                         && MyWarHead[i].Ys[j] > = -0.5 *
GivenRunWay.W  && MyWarHead[i].Ys[j] < 0.5 * GivenRunWay.W )
                        ||((MyWarHead[i].Xs[j] -( -0.5 *
GivenRunWay.L )) * (MyWarHead[i].Xs[j] -( -0.5 * GivenRunWay.L ))
                         +(MyWarHead[i].Ys[j] -( -0.5 *
GivenRunWay.W )) * (MyWarHead[i].Ys[j] -( -0.5 *
GivenRunWay.W )) <MyWarHead[i].Rs * MyWarHead[i].Rs
                        ||(MyWarHead[i].Xs[j] -(0.5 *
GivenRunWay.L )) * (MyWarHead[i].Xs[j] -(0.5 * GivenRunWay.L ))
                         +(MyWarHead[i].Ys[j] -(0.5 *
```

```
GivenRunWay.W )) * (MyWarHead[i].Ys[j] - (0.5 *
GivenRunWay.W )) < MyWarHead[i].Rs * MyWarHead[i].Rs
                        ||(MyWarHead[i].Xs[j] - ( -0.5 *
GivenRunWay.L )) * (MyWarHead[i].Xs[j] - ( -0.5 * GivenRunWay.L ))
                            + (MyWarHead[i].Ys[j] - (0.5 *
GivenRunWay.W )) * (MyWarHead[i].Ys[j] - (0.5 *
GivenRunWay.W )) < MyWarHead[i].Rs * MyWarHead[i].Rs
                        ||(MyWarHead[i].Xs[j] - (0.5 *
GivenRunWay.L )) * (MyWarHead[i].Xs[j] - (0.5 * GivenRunWay.L ))
                            + (MyWarHead[i].Ys[j] - ( -0.5 *
GivenRunWay.W )) * (MyWarHead[i].Ys[j] - ( -0.5 *
GivenRunWay.W )) < MyWarHead[i].Rs * MyWarHead[i].Rs))
                    {
                        Xm[lngNsD] = MyWarHead[i].Xs[j];
                        Ym[lngNsD] = MyWarHead[i].Ys[j];
                        Rm[lngNsD] = MyWarHead[i].Rs;
                        lngNsD + =1;
                        if (MyWarHead[i].Xs[j] > = -0.5 *
GivenRunWay.L  && MyWarHead[i].Xs[j] < = 0.5 * GivenRunWay.L
                            && MyWarHead[i].Ys[j] > = -0.5 *
GivenRunWay.W  && MyWarHead[i].Ys[j] < = 0.5 * GivenRunWay.W  )
                        {
                            lngNsm + =1;
                        }
                    }
                }
            }
        }
        MyDEI.ANH + = lngNsm;
            blnFoundMLW = FALSE;
        if (lngNsD > 0)
        {
            Lb = -0.5 * GivenRunWay.L;
Le = -0.5 * GivenRunWay.L + GivenRunWay.DS.TV1;
            tempX = Lb;
            SortArrayHillABC(Xm, Ym, Rm, lngNsD);
            while (Le < =0.5 * GivenRunWay.L)
            {
                lngNsMlw = 0;
                for (i =0;i < lngNsD;i + +)
```

```
                {
                    if(Xm[i] > Lb - Rm[i]&&Xm[i] < Le + Rm[i])
                    {
    if(Ym[i] > -0.5 * GivenRunWay.W&&Ym[i] < 0.5 * GivenRunWay.W
    ||(Xm[i] > Lb&&Xm[i] < Le&&Ym[i] > -0.5 * GivenRunWay.W - Rm[i]&&Ym[i] < 0.5
* GivenRunWay.W + Rm[i])
    ||((Xm[i] - ( -0.5 * GivenRunWay.L)) * (Xm[i] - ( -0.5 * GivenRunWay.L))
+ (Ym[i] - ( -0.5 * GivenRunWay.W)) * (Ym[i] - ( -0.5 * GivenRunWay.W )) < Rm[i] * Rm[i]
    ||(Xm[i] - (0.5 * GivenRunWay.L)) * (Xm[i] - (0.5 * GivenRunWay.L ))
+ (Ym[i] - (0.5 * GivenRunWay.W)) * (Ym[i] - (0.5 * GivenRunWay.W )) < Rm[i] * Rm[i]
    ||(Xm[i] - ( -0.5 * GivenRunWay.L)) * (Xm[i] - ( -0.5 * GivenRunWay.L ))
+ (Ym[i] - (0.5 * GivenRunWay.W)) * (Ym[i] - (0.5 * GivenRunWay.W )) < Rm[i] * Rm[i]
    ||(Xm[i] - (0.5 * GivenRunWay.L)) * (Xm[i] - (0.5 * GivenRunWay.L ))
+ (Ym[i] - ( -0.5 * GivenRunWay.W)) * (Ym[i] - ( -0.5 * GivenRunWay.W )) < Rm[i] * Rm[i]))
                        {
                            Xmlw[lngNsMlw] = Xm[i];
                            Ymlw[lngNsMlw] = Ym[i];
                            Rmlw[lngNsMlw] = Rm[i];
                            lngNsMlw + =1;
                        }
                    }
                    else if (Xm[i] > Le + Rm[i]) break;
                }
                if (lngNsMlw = =0)
                {
                    blnFoundMLW = TRUE;
                    break;
                }
                blnFoundMLW = FoundMLW(lngNsMlw, Ymlw, Rmlw, 0.5 *
GivenRunWay.W, GivenRunWay.DS.TV2, lZD);
                if (blnFoundMLW) break;
                if (Xmlw[0] < Lb)
                {
                    tempX = Xmlw[0] + Rm[0];
                }
                else if(Xmlw[0] - Rm[0] < Lb)
                {
                    tempX = Xmlw[0];
                }
                else
```

```
            {
                tempX = Xmlw[0] - Rm[0];
            }
            if (tempX = = Lb) tempX + = Rm[0];
            if (tempX < = Lb) tempX = Lb + Rmlw[0];
//          Lb = tempX; Le = tempX + GivenRunWay.DS.TV1;
            Lb + + ; Le = Lb + GivenRunWay.DS.TV1;

        }
    }
    else blnFoundMLW = TRUE;
    if (! blnFoundMLW) lngNs  + = 1;
}
MyDEI.ANH /= lngSimuTimes;
MyDEI.DPR = double(lngNs) /lngSimuTimes;
return TRUE;
}

BOOL CRunWay::DPR_MonteCarlo_L(long lngSimuTimes,
                               RegularTarget GivenRunWay,
                               long lngMissileNum,
                               Missile GivenMissile[],
                               DEIndex& MyDEI,
                               double& AEW,long LZD)
{
    long lngN ;
    long lngNsm;
    double Lb;
    double Le;
    BOOL blnFoundMLW;
    long lngNs;
    long lngNsD;
    double Xm[800];
    double Ym[800];
    double Rm[800];
    long lngNsMlw;
    double Xmlw[500];
    double Ymlw[500];
    double Rmlw[500];
    double Vr[MAX_PR];
```

```
long lngEW;
Missile EM[MISSILENUM_MAX];
WarHead MyWarHead[40];
long i,j;
double tempX;
//初始化变量
MyDEI.ANH = 0;
lngNs = 0;
AEW = 0;
srand( (unsigned)time(NULL) );
for (lngN =0;lngN < lngSimuTimes;lngN + +)
{
    lngEW = 0;
    for (i =0;i < lngMissileNum;i + +)
    {
        for (j =0;j < MAX_PR;j + +)
        {
            do
            {
                Vr[j] = rand();
            }
            while(Vr[j] = =0);
        }
        for (j =0;j < MAX_PR;j + +)
        {
            Vr[j]/= RAND_MAX;
        }
        if ((GivenMissile[i].PSurvival > Vr[0]) &&
            (GivenMissile[i].PLaunch > Vr[1]) &&
            (GivenMissile[i].PFly > Vr[2]) &&
            (GivenMissile[i].WHead.PPenetrate > Vr[3]) &&
            (GivenMissile[i].WHead.FRP > Vr[4]))
        {
            EM[lngEW] = GivenMissile[i];
            lngEW + +;
        }
    }
    AEW + = lngEW;
    if (lngEW > 1)
    {
```

```
        ScatterWeapon(lngEW,EM,MyWarHead);
        lngNsm = 0;
        lngNsD = 0;
        for (i =0;i < lngEW;i + +)
        {
            for (j =0;j < MyWarHead[i].Ns;j + +)
            {
                do
                {
                    Vr[0] = rand();
                }
                while(Vr[0] = =0);
                Vr[0]/= RAND_MAX;
                if (MyWarHead[i].PE < =Vr[0])
                {
                    MyWarHead[i].Rs =0.2;
                }
                else
                {
                    MyWarHead[i].Rs = EM[i].WHead.Rs;
                }
                if(MyWarHead[i].Ys[j] > -0.5 *
GivenRunWay.W - MyWarHead[i].Rs  && MyWarHead[i].Ys[j] <0.5 *
GivenRunWay.W + MyWarHead[i].Rs)
                {
                    if((MyWarHead[i].Xs[j] > = -0.5 *
GivenRunWay.L&&MyWarHead[i].Xs[j] < =0.5 * GivenRunWay.L)
                        ||(MyWarHead[i].Xs[j] > -0.5 *
GivenRunWay.L  - MyWarHead[i].Rs && MyWarHead[i].Xs[j] <0.5 *
GivenRunWay.L  + MyWarHead[i].Rs
                            && MyWarHead[i].Ys[j] > = -0.5 *
GivenRunWay.W  && MyWarHead[i].Ys[j] < 0.5 * GivenRunWay.W )
                        ||((MyWarHead[i].Xs[j] - ( -0.5 *
GivenRunWay.L )) * (MyWarHead[i].Xs[j] - ( -0.5 * GivenRunWay.L ))
                            + (MyWarHead[i].Ys[j] - ( -0.5 *
GivenRunWay.W )) * (MyWarHead[i].Ys[j] - ( -0.5 *
GivenRunWay.W )) < MyWarHead[i].Rs * MyWarHead[i].Rs
                        ||(MyWarHead[i].Xs[j] - (0.5 *
GivenRunWay.L )) * (MyWarHead[i].Xs[j] - (0.5 * GivenRunWay.L ))
                            + (MyWarHead[i].Ys[j] - (0.5 *
```

```
GivenRunWay.W )) * (MyWarHead[i].Ys[j] - (0.5 *
GivenRunWay.W )) < MyWarHead[i].Rs * MyWarHead[i].Rs
                        ||(MyWarHead[i].Xs[j] - ( -0.5 *
GivenRunWay.L )) * (MyWarHead[i].Xs[j] - ( -0.5 * GivenRunWay.L ))
                           + (MyWarHead[i].Ys[j] - (0.5 *
GivenRunWay.W )) * (MyWarHead[i].Ys[j] - (0.5 * GivenRunWay.W )) < MyWarHead[i]
.Rs * MyWarHead[i].Rs
                        ||(MyWarHead[i].Xs[j] - (0.5 *
GivenRunWay.L )) * (MyWarHead[i].Xs[j] - (0.5 * GivenRunWay.L ))
                           + (MyWarHead[i].Ys[j] - ( -0.5 *
GivenRunWay.W )) * (MyWarHead[i].Ys[j] - ( -0.5 *
GivenRunWay.W )) < MyWarHead[i].Rs * MyWarHead[i].Rs))
                     {
                        Xm[lngNsD] = MyWarHead[i].Xs[j];
                        Ym[lngNsD] = MyWarHead[i].Ys[j];
                        Rm[lngNsD] = MyWarHead[i].Rs;
                        lngNsD + =1;
                        if (MyWarHead[i].Xs[j] > = -0.5 *
GivenRunWay.L  && MyWarHead[i].Xs[j] < = 0.5 * GivenRunWay.L
                           && MyWarHead[i].Ys[j] > = -0.5 *
GivenRunWay.W  && MyWarHead[i].Ys[j] < = 0.5 * GivenRunWay.W  )
                        {
                           lngNsm + =1;
                        }
                     }
                  }
               }
            }
            MyDEI.ANH + = lngNsm;
            blnFoundMLW = FALSE;
            if (lngNsD >0)
            {
               Lb = -0.5 * GivenRunWay.L;
Le = -0.5 * GivenRunWay.L + GivenRunWay.DS.TV1;
               tempX = Lb;
               SortArrayHillABC(Xm, Ym, Rm, lngNsD);
               while (Le < =0.5 * GivenRunWay.L)
               {
                  lngNsMlw =0;
                  for (i =0;i < lngNsD;i + +)
```

```
                {
                    if(Xm[i] > Lb - Rm[i]&&Xm[i] < Le + Rm[i])
                    {
    if((Ym[i] > -0.5 * GivenRunWay.W&&Ym[i] < 0.5 * GivenRunWay.W)
    ||(Xm[i] > Lb&&Xm[i] < Le&&Ym[i] > -0.5 * GivenRunWay.W - Rm[i]&&Ym[i] < 0.5
* GivenRunWay.W + Rm[i])
    ||((Xm[i] - ( -0.5 * GivenRunWay.L)) * (Xm[i] - ( -0.5 * GivenRunWay.L))
+ (Ym[i] - ( -0.5 * GivenRunWay.W)) * (Ym[i] - ( -0.5 * GivenRunWay.W )) < Rm[i] * Rm[i]
    ||(Xm[i] - (0.5 * GivenRunWay.L)) * (Xm[i] - (0.5 * GivenRunWay.L ))
+ (Ym[i] - (0.5 * GivenRunWay.W)) * (Ym[i] - (0.5 * GivenRunWay.W )) < Rm[i] * Rm[i]
    ||(Xm[i] - ( -0.5 * GivenRunWay.L)) * (Xm[i] - ( -0.5 * GivenRunWay.L ))
+ (Ym[i] - (0.5 * GivenRunWay.W)) * (Ym[i] - (0.5 * GivenRunWay.W )) < Rm[i] * Rm[i]
    ||(Xm[i] - (0.5 * GivenRunWay.L)) * (Xm[i] - (0.5 * GivenRunWay.L ))
+ (Ym[i] - ( -0.5 * GivenRunWay.W)) * (Ym[i] - ( -0.5 * GivenRunWay.W )) < Rm[i] * Rm[i]))
                        {
                            Xmlw[lngNsMlw] = Xm[i];
                            Ymlw[lngNsMlw] = Ym[i];
                            Rmlw[lngNsMlw] = Rm[i];
                            lngNsMlw + =1;
                        }
                    }
                    else if (Xm[i] > Le + Rm[i]) break;
                }
                if (lngNsMlw = =0)
                {
                    blnFoundMLW = TRUE;
                    break;
                }
                blnFoundMLW = FoundMLW(lngNsMlw, Ymlw,
Rmlw, 0.5 * GivenRunWay.W, GivenRunWay.DS.TV2, LZD);
                if (blnFoundMLW) break;
                if (Xmlw[0] < Lb)
                {
                    tempX = Xmlw[0] + Rmlw[0];
                }
                else if(Xmlw[0] - Rmlw[0] < Lb)
                {
                    tempX = Xmlw[0];
                }
                else
```

```
                {
                    tempX = Xmlw[0] - Rmlw[0];
                }
                if (tempX = = Lb) tempX + = Rmlw[0];
                if (tempX < = Lb) tempX = Lb + Rmlw[0];
                Lb = tempX; Le = tempX + GivenRunWay.DS.TV1;
            }
        }
        else blnFoundMLW = TRUE;
        if (! blnFoundMLW) lngNs + = 1;
    }
  }
  MyDEI.ANH /= lngSimuTimes;
  MyDEI.DPR = double(lngNs) / lngSimuTimes;
  AEW /= lngSimuTimes;
  return TRUE;
}
BOOL CRunWay::PSR_MonteCarlo_E(long lngSimuTimes,
                               RegularTarget GivenRunWay,
                               long lngMissileNum,
                               Missile GivenMissile[],
                               DEIndex& MyDEI)
{
  long lngN ;
  long lngNsm;
  double Lb;
  double Le;
  long lngNs;
  long lngNw;
  RectW FoundRectW[300];
  long lngNsD;
  double Xm[800];
  double Ym[800];
  double Rm[800];
  long lngNsMlw;
  double Xmlw[500];
  double Ymlw[500];
  double Rmlw[500];
  WarHead MyWarHead[40];
  long i,j,k;
```

```
    double tempX;
    MyDEI.ANH = 0;
    lngNs  = 0;
    MyDEI.PS.SNum = 0;
    for (i = 0;i < PSNUM_MAX;i + +)
    {
        MyDEI.PS.P[i] = 0.;
    }
    srand( (unsigned)time(NULL));
    for (lngN  = 0;lngN < lngSimuTimes;lngN + +)
    {
        ScatterWeapon(lngMissileNum,GivenMissile,MyWarHead);
        lngNsm  = 0;
        lngNsD  = 0;
        for (i = 0;i < lngMissileNum;i + +)
        {
            for (j = 0;j < MyWarHead[i].Ns;j + +)
            {
                if(MyWarHead[i].Ys[j]  >  -0.5 *
GivenRunWay.W - MyWarHead[i].Rs  && MyWarHead[i].Ys[j]  <0.5 *
GivenRunWay.W + MyWarHead[i].Rs)
                {
                    if((MyWarHead[i].Xs[j]  > = -0.5  *
GivenRunWay.L&&MyWarHead[i].Xs[j] < =0.5 * GivenRunWay.L)
                            ||(MyWarHead[i].Xs[j]  > -0.5  * GivenRunWay.L
- MyWarHead[i].Rs && MyWarHead[i].Xs[j]  <0.5  * GivenRunWay.L
+ MyWarHead[i].Rs
                              && MyWarHead[i].Ys[j]  > = -0.5  *
GivenRunWay.W  && MyWarHead[i].Ys[j]  < 0.5 * GivenRunWay.W )
                            ||((MyWarHead[i].Xs[j] - ( -0.5  *
GivenRunWay.L )) * (MyWarHead[i].Xs[j] - ( -0.5  * GivenRunWay.L ))
                              + (MyWarHead[i].Ys[j] - ( -0.5  *
GivenRunWay.W )) * (MyWarHead[i].Ys[j] - ( -0.5  *
GivenRunWay.W )) < MyWarHead[i].Rs * MyWarHead[i].Rs
                            ||(MyWarHead[i].Xs[j] - (0.5  *
GivenRunWay.L )) * (MyWarHead[i].Xs[j] - (0.5  * GivenRunWay.L ))
                              + (MyWarHead[i].Ys[j] - (0.5  *
GivenRunWay.W )) * (MyWarHead[i].Ys[j] - (0.5  *
GivenRunWay.W )) < MyWarHead[i].Rs * MyWarHead[i].Rs
                            ||(MyWarHead[i].Xs[j] - ( -0.5  *
```

```
GivenRunWay.L))*(MyWarHead[i].Xs[j]-(-0.5 * GivenRunWay.L))
                        +(MyWarHead[i].Ys[j]-(0.5 *
GivenRunWay.W))*(MyWarHead[i].Ys[j]-(0.5 *
GivenRunWay.W))<MyWarHead[i].Rs*MyWarHead[i].Rs
                     ||(MyWarHead[i].Xs[j]-(0.5 *
GivenRunWay.L))*(MyWarHead[i].Xs[j]-(0.5 * GivenRunWay.L))
                        +(MyWarHead[i].Ys[j]-(-0.5 *
GivenRunWay.W))*(MyWarHead[i].Ys[j]-(-0.5 *
GivenRunWay.W))<MyWarHead[i].Rs*MyWarHead[i].Rs))
                   {
                       Xm[lngNsD] = MyWarHead[i].Xs[j];
                       Ym[lngNsD] = MyWarHead[i].Ys[j];
                       Rm[lngNsD] = MyWarHead[i].Rs;
                       lngNsD+=1;
                       if (MyWarHead[i].Xs[j] >= -0.5 *
GivenRunWay.L  && MyWarHead[i].Xs[j] <= 0.5 * GivenRunWay.L
                           && MyWarHead[i].Ys[j] >= -0.5 *
GivenRunWay.W  && MyWarHead[i].Ys[j] <= 0.5 * GivenRunWay.W  )
                       {
                           lngNsm+=1;
                       }
                   }
               }
           }
       }

       MyDEI.ANH+=lngNsm;
       lngNw=0;
       if (lngNsD>0)
       {
           Lb=-0.5*GivenRunWay.L;
Le=-0.5*GivenRunWay.L+GivenRunWay.DS.TV1;
           tempX=Lb;
           //将子弹落点坐标按X的大小排序
           SortArrayHillABC(Xm, Ym, Rm, lngNsD);
           while (Le<=0.5*GivenRunWay.L)
           {
               lngNsMlw=0;
               for (i=0;i<lngNsD;i++)
               {
```

```
                if(Xm[i] > Lb - Rm[i]&&Xm[i] < Le + Rm[i])
                {
    if(Ym[i] > -0.5 * GivenRunWay.W&&Ym[i] < 0.5 * GivenRunWay.W
     ||(Xm[i] > Lb&&Xm[i] < Le&&Ym[i] > -0.5 * GivenRunWay.W - Rm[i]&&Ym[i] < 0.5 *
GivenRunWay.W + Rm[i])
     ||((Xm[i] - ( -0.5 * GivenRunWay.L)) * (Xm[i] - ( -0.5 * GivenRunWay.L))
 + (Ym[i] - ( -0.5 * GivenRunWay.W)) * (Ym[i] - ( -0.5 * GivenRunWay.W )) < Rm[i] * Rm[i]
     ||(Xm[i] - (0.5 * GivenRunWay.L)) * (Xm[i] - (0.5 * GivenRunWay.L ))
 + (Ym[i] - (0.5 * GivenRunWay.W)) * (Ym[i] - (0.5 * GivenRunWay.W )) < Rm[i] * Rm[i]
     ||(Xm[i] - ( -0.5 * GivenRunWay.L)) * (Xm[i] - ( -0.5 * GivenRunWay.L ))
 + (Ym[i] - (0.5 * GivenRunWay.W)) * (Ym[i] - (0.5 * GivenRunWay.W )) < Rm[i] * Rm[i]
     ||(Xm[i] - (0.5 * GivenRunWay.L)) * (Xm[i] - (0.5 * GivenRunWay.L ))
 + (Ym[i] - ( -0.5 * GivenRunWay.W)) * (Ym[i] - ( -0.5 * GivenRunWay.W )) < Rm[i] * Rm[i]))
                {
                    Xmlw[lngNsMlw] = Xm[i];
                    Ymlw[lngNsMlw] = Ym[i];
                    Rmlw[lngNsMlw] = Rm[i];
                    lngNsMlw + =1;
                }
            }
            else if (Xm[i] > Le + Rm[i]) break;
        }
        if (lngNsMlw = =0)
        {
            for
(i =0;i < long(GivenRunWay.W/GivenRunWay.DS.TV2);i + +)
            {
                FoundRectW[lngNw].LT.X = Lb;
    FoundRectW[lngNw].LT.Y = -0.5 * GivenRunWay.W + (i +1) * GivenRunWay.DS.TV2;
                FoundRectW[lngNw].RB.X = Le;
    FoundRectW[lngNw].RB.Y = -0.5 * GivenRunWay.W + i * GivenRunWay.DS.TV2;
                lngNw + =1;
            }
            tempX = Le;
        }
        else
        {
            FindMLW(lngNsMlw,Ymlw,Rmlw, 0.5 *
GivenRunWay.W, GivenRunWay.DS.TV2,Lb,Le,lngNw,FoundRectW);
        if (Xmlw[0] < Lb)
```

```
                {
                    tempX = Xmlw[0] + Rm[0];
                }
                else if(Xmlw[0] - Rm[0] < Lb)
                {
                    tempX = Xmlw[0];
                }
                else
                {
                    tempX = Xmlw[0] - Rm[0];
                }
            }
            if (tempX = = Lb) tempX + = Rm[0];
            Lb = tempX; Le = tempX + GivenRunWay.DS.TV1;
        }
    }
    else
    {
        for (i = 0;i < long(GivenRunWay.L/GivenRunWay.DS.TV1);i + +)
        {
            for
(j = 0;j < long(GivenRunWay.W/GivenRunWay.DS.TV2);j + +)
            {
  FoundRectW[lngNw].LT.X = -0.5 * GivenRunWay.L + i * GivenRunWay.DS.TV1;
  FoundRectW[lngNw].LT.Y = -0.5 * GivenRunWay.W + (j +1) * GivenRunWay.DS.TV2;
  FoundRectW[lngNw].RB.X = FoundRectW[lngNw].LT.X + GivenRunWay.DS.TV1;
  FoundRectW[lngNw].RB.Y = -0.5 * GivenRunWay.W + j * GivenRunWay.DS.TV2;
                lngNw + =1;
            }
        }
    }
    for (i = 0;i < lngNw -1;i + +)
    {
        for (j = i +1;j < lngNw;j + +)
        {
            if ((FoundRectW[j].LT.X < FoundRectW[i].RB.X)
                &&(FoundRectW[j].LT.Y > FoundRectW[i].RB.Y)
                &&(FoundRectW[j].RB.X > FoundRectW[i].LT.X)
                &&(FoundRectW[j].RB.Y < FoundRectW[i].LT.Y))
            {
```

```
                for(k = j;k < lngNw - 1;k + + )
                {
                    FoundRectW[k] = FoundRectW[k +1];
                }
                lngNw - - ;
            }
        }
    }
    if (lngNw > PSNUM_MAX - 1) lngNw = PSNUM_MAX - 1;
    MyDEI.PS.P[lngNw] + =1;
    if (MyDEI.PS.SNum < lngNw) MyDEI.PS.SNum = lngNw;
    if (lngNw <1) lngNs + = 1;
}
for (i =0;i < =MyDEI.PS.SNum;i + + )
{
    MyDEI.PS.P[i] =MyDEI.PS.P[i]/lngSimuTimes;
}
MyDEI.DPR =MyDEI.PS.P[0];
MyDEI.ANH/= lngSimuTimes;
return TRUE;
}

BOOL  CRunWay::FoundMLW(long lngNsMlw,double Ymlw[],double Rmlw[],double Ly,
double Wmlw,long lZD)
{
    long i;
    double Y[500];
    double R[500];
    BOOL ExistMLW;
    ExistMLW = FALSE;
    SortArrayHillAB(Ymlw,Rmlw,lngNsMlw);
    if (Ymlw[0] > - Ly&&Ymlw[lngNsMlw - 1] < Ly)
    {
        for (i = lngNsMlw;i >0;i - - )
        {
            Y[i] =Ymlw[i -1];
            R[i] =Rmlw[i -1];
        }
        Y[0] = - Ly; Y[lngNsMlw +1] = Ly;
        R[0] = 0;R[lngNsMlw +1] = 0;
```

```
        lngNsMlw + =2;
    }
    else if(Ymlw[0] < = -Ly&&Ymlw[lngNsMlw -1] > =Ly)
    {
        for (i =0;i <lngNsMlw;i + +)
        {
            Y[i] =Ymlw[i];
            R[i] =Rmlw[i];
        }
    }
    else if (Ymlw[0] > -Ly)
    {
        Y[0] = -Ly;
        R[0] = 0;
        for (i =0;i <lngNsMlw;i + +)
        {
            Y[i +1] =Ymlw[i];
            R[i +1] =Rmlw[i];
        }
        lngNsMlw + =1;
    }
    else if (Ymlw[lngNsMlw -1] <Ly)
    {
        Y[lngNsMlw] =Ly;
        R[lngNsMlw] = 0;
        for (i =0;i <lngNsMlw;i + +)
        {
            Y[i] =Ymlw[i];
            R[i] =Rmlw[i];
        }
        lngNsMlw + =1;
    }

    if(lZD >1)
    {
/*          for (i =0;i < =lngNsMlw -lZD;i + +)
            {
                if(i = =0)
                {
                    if((Y[i +lZD -1] -R[i +lZD -1] -Y[i]) >20) ExistMLW =TRUE;
```

```
        }else if(i = = lngNsMlw - lZD)
        {
            if((Y[i + lZD -1] - R[i] - Y[i]) >20) ExistMLW = TRUE;
        }else
        {
            if((Y[i + lZD -1] - R[i + lZD -1] - Y[i] - R[i]) >20)
ExistMLW = TRUE;
        }
      }
      if(lngNsMlw < lZD)  ExistMLW = TRUE;
      return ExistMLW;
    double lB,lT;
    lB = - Ly;
      lT = lB +20;
      while(lT < = Ly)
      {
          long lpfall  = 0;
          for (i =0;i < lngNsMlw;i + +)
          {
              if((Y[i] +R[i]) >lB&&(Y[i] -R[i]) <lT) lpfall + +;
          }
          if(lpfall < lZD)  ExistMLW = TRUE;
          lB + +;
          lT = lB +20;
      }
      if(lngNsMlw < lZD)  ExistMLW = TRUE
     return ExistMLW;
    }else if(lZD = =1)
    {
      for (i =1;i < lngNsMlw;i + +)
      {
          if ((Y[i] - Y[i -1]) >(Wmlw + R[i] + R[i -1]))
          {
              ExistMLW = TRUE;
              break;
          }
      }
      return ExistMLW;
    }
```

```
        }

        void CRunWay::FindMLW(long lngNsMlw,double Ymlw[],double
Rmlw[],double Ly,double Wmlw,double Lb,double Le,long &lngNw,RectW
FoundRectW[])
        {
        long i,j;
        double Y[500];
        double R[500];
        SortArrayHillABC(Ymlw,Rmlw,Rmlw, lngNsMlw);
        if (Ymlw[0] > -Ly&&Ymlw[lngNsMlw-1] <Ly)
        {
            for (i =lngNsMlw;i >0;i--)
            {
                Y[i] =Ymlw[i-1];
                R[i] =Rmlw[i-1];
            }
            Y[0] = -Ly; Y[lngNsMlw+1] = Ly;
            R[0] = 0;R[lngNsMlw+1] = 0;
            lngNsMlw+=2;
        }
        else if(Ymlw[0] <= -Ly&&Ymlw[lngNsMlw-1] >=Ly)
        {
            for (i =0;i <lngNsMlw;i++)
            {
                Y[i] =Ymlw[i];
                R[i] =Rmlw[i];
            }
        }
        else if (Ymlw[0] > -Ly)
        {
            Y[0] = -Ly;
            R[0] = 0;
            for (i =0;i <lngNsMlw;i++)
            {
                Y[i+1] =Ymlw[i];
                R[i+1] =Rmlw[i];
            }
            lngNsMlw+=1;
        }
```

```
        else if (Ymlw[lngNsMlw -1] < Ly)
        {
            Y[lngNsMlw] = Ly;
            R[lngNsMlw] = 0;
            for (i =0;i < lngNsMlw;i + +)
            {
                Y[i] =Ymlw[i];
                R[i] =Rmlw[i];
            }
            lngNsMlw + =1;
        }
        for (i =1;i < lngNsMlw;i + +)
        {
            if ((Y[i] -Y[i -1]) >(Wmlw +R[i] +R[i -1]))
            {
                for (j =0;j < long((Y[i] -R[i] -Y[i -1] -R[i -1]) /Wmlw);j + +)
                {
                    FoundRectW[lngNw].LT.X =Lb;
                    FoundRectW[lngNw].LT.Y =Y[i] -R[i] +j *Wmlw;
                    FoundRectW[lngNw].RB.X =Le;
                    FoundRectW[lngNw].RB.Y =Y[i -1] -R[i -1] +j *Wmlw;
                    lngNw + =1;
                }
            }
        }
        return;
    }
    BOOL CRunWay::ANH_MonteCarlo_E(long lngSimuTimes,RegularTarget
GivenRunWay,long lngMissileNum,Missile GivenMissile[],DEIndex& MyDEI)
    {
        long lngN ;
        long lngNsm;
        long lngNs;

        long lngNsD;
        double Xm[800];
        double Ym[800];
        double Rm[800];
        WarHead MyWarHead[40];
        long i,j;
```

```
        MyDEI.ANH = 0;
        lngNs = 0;
        srand( (unsigned)time(NULL) );
        for (lngN =0;lngN < lngSimuTimes;lngN + +)
        {
            ScatterWeapon(lngMissileNum,GivenMissile,MyWarHead);
            lngNsm = 0;
            lngNsD = 0;
            for (i =0;i < lngMissileNum;i + +)
            {
                for (j =0;j < MyWarHead[i].Ns;j + +)
                {
                    if(MyWarHead[i].Ys[j] > -0.5 *
GivenRunWay.W - MyWarHead[i].Rs  && MyWarHead[i].Ys[j] <0.5 *
GivenRunWay.W + MyWarHead[i].Rs)
                    {
                        if((MyWarHead[i].Xs[j] > = -0.5 *
GivenRunWay.L&&MyWarHead[i].Xs[j] < =0.5 * GivenRunWay.L)
                            ||(MyWarHead[i].Xs[j] > -0.5 * GivenRunWay.L
- MyWarHead[i].Rs && MyWarHead[i].Xs[j] <0.5 * GivenRunWay.L
+ MyWarHead[i].Rs
                                && MyWarHead[i].Ys[j] > = -0.5 *
GivenRunWay.W  && MyWarHead[i].Ys[j] < 0.5 * GivenRunWay.W )
                            ||((MyWarHead[i].Xs[j] - ( -0.5 *
GivenRunWay.L )) * (MyWarHead[i].Xs[j] - ( -0.5 * GivenRunWay.L ))
                                + (MyWarHead[i].Ys[j] - ( -0.5 *
GivenRunWay.W )) * (MyWarHead[i].Ys[j] - ( -0.5 *
GivenRunWay.W )) < MyWarHead[i].Rs * MyWarHead[i].Rs
                            ||(MyWarHead[i].Xs[j] - (0.5 *
GivenRunWay.L )) * (MyWarHead[i].Xs[j] - (0.5 * GivenRunWay.L ))
                                + (MyWarHead[i].Ys[j] - (0.5 *
GivenRunWay.W )) * (MyWarHead[i].Ys[j] - (0.5 *
GivenRunWay.W )) < MyWarHead[i].Rs * MyWarHead[i].Rs
                            ||(MyWarHead[i].Xs[j] - ( -0.5 *
GivenRunWay.L )) * (MyWarHead[i].Xs[j] - ( -0.5 * GivenRunWay.L ))
                                + (MyWarHead[i].Ys[j] - (0.5 *
GivenRunWay.W )) * (MyWarHead[i].Ys[j] - (0.5 *
GivenRunWay.W )) < MyWarHead[i].Rs * MyWarHead[i].Rs
                            ||(MyWarHead[i].Xs[j] - (0.5 *
GivenRunWay.L )) * (MyWarHead[i].Xs[j] - (0.5 * GivenRunWay.L ))
```

```
                                    +(MyWarHead[i].Ys[j]-(-0.5 *
GivenRunWay.W))*(MyWarHead[i].Ys[j]-(-0.5 *
GivenRunWay.W))<MyWarHead[i].Rs*MyWarHead[i].Rs))
                              {
                                  Xm[lngNsD] = MyWarHead[i].Xs[j];
                                  Ym[lngNsD] = MyWarHead[i].Ys[j];
                                  Rm[lngNsD] = MyWarHead[i].Rs;
                                  lngNsD+=1;
                                  if (MyWarHead[i].Xs[j] >= -0.5 *
GivenRunWay.L  && MyWarHead[i].Xs[j] <= 0.5 * GivenRunWay.L
                                      && MyWarHead[i].Ys[j] >= -0.5 *
GivenRunWay.W  && MyWarHead[i].Ys[j] <= 0.5 * GivenRunWay.W  )
                                  {
                                      lngNsm+=1;
                                  }
                              }
                          }
                      }
                  }

          MyDEI.ANH+= lngNsm;
      }
      MyDEI.ANH/=lngSimuTimes;
      return TRUE;
  }

  BOOL CRunWay::DPR_Analytic_E(RegularTarget GivenRunWay,long lngMissileNum,
Missile GivenMissile,DEIndex &MyDEI)
  {
      long lngAimNum;
      long lngMod;
      long lngTimes;
      double P01;
      double Sigama;
      double deltaL;
      lngAimNum=long((GivenRunWay.L - GivenRunWay.DS.TV1) /
(GivenRunWay.DS.TV1 + GivenMissile.WHead.Rp))+1;
      deltaL=(GivenRunWay.L-(lngAimNum+1) *
GivenRunWay.DS.TV1)/lngAimNum;
      lngTimes=long(lngMissileNum/lngAimNum);
```

```
        lngMod = lngMissileNum% lngAimNum;
        Sigama =SGMCEP * GivenMissile.CEP;
        if (deltaL > =0.)
        {
            P01 = fGaussA(0, PI/2, Sigama,
GivenMissile.WHead.Rp,GivenRunWay, deltaL) * 2./PI;
        }
        else
        {
            P01 = fGaussB1(0,( -deltaL/2)/Sigama,Sigama, GivenMissile.WHead.Rp,
GivenRunWay,
-deltaL) * 2/PI + fGaussC(0,atan((GivenMissile.WHead.Rp - 0.5 * (GivenRunWay.W -
2 * GivenRunWay.DS.TV2))/( -deltaL/2.)),Sigama,GivenMissile.WHead.Rp,GivenRun-
Way, -deltaL) * 2./PI;
        }
        MyDEI.DPR = pow(1 - pow(1 - P01,lngTimes),
(lngAimNum - lngMod)) * pow(1 - pow(1 - P01, lngTimes +1),lngMod);
        return TRUE;
    }

    double CRunWay::fGaussA(double A,double B,double Sigama,double Rp,Regular-
Target MyRunWay,double deltaL)
    {
        double X[8];
        double temp;
        double r0;
        double fi0;
        long i;
        temp =0;

r0 = sqrt(deltaL * deltaL + (MyRunWay.W - 2 * MyRunWay.DS.TV2) * (MyRunWay.W - 2 *
MyRunWay.DS.TV2))/2.;
        if (deltaL = =0)
        {
            fi0 = PI/2;
        }
        else
        {
            fi0 = atan((MyRunWay.W - 2 * MyRunWay.DS.TV2)/deltaL);
        }
```

```
        for (i =0;i <m_GaussSectors;i + +)
        {
            X[i] =(B -A) *Node[i]/2 +(A +B)/2;
        }
        for (i =0;i <m_GaussSectors;i + +)
        {
temp + =Weight[i] *(1 -exp( -0.5 *pow((sqrt(Rp *Rp -r0 *r0 *sin(X[i] -fi0) *sin
(X[i] -fi0)) -r0 *cos(X[i] -fi0)),2.) /(Sigama *Sigama)));
        }
        return temp *(B -A)/2;
    }

    double CRunWay::fGaussB1(double A,double B,double Sigama,double Rp,Regular-
Target MyRunWay,double deltaL)
    {
        double X[8];
        double temp;
        long i;
        temp =0;
        for (i =0;i <m_GaussSectors;i + +)
        {
            X[i] =(B -A) *Node[i]/2 +(A +B)/2;
        }
        for (i =0;i <m_GaussSectors;i + +)
        {
            temp + =Weight[i] *fGaussB2(0,
(Rp -0.5 *(MyRunWay.W -2 *MyRunWay.DS.TV2))/Sigama, X[i],
Sigama,Rp,MyRunWay,deltaL);
        }
        return temp *(B -A)/2;
    }

    double CRunWay::fGaussB2(double A,double B,double Y,double Sigama,double Rp,
RegularTarget MyRunWay,double deltaL)
    {
        double X[8];
        double temp;
        long i;
        temp =0;
        for (i =0;i <m_GaussSectors;i + +)
```

```
        {
            X[i] = (B - A) * Node[i]/2 + (A + B)/2;
        }
        for (i = 0;i < m_GaussSectors;i + +)
        {
            temp + = Weight[i] * exp( - 0.5 * (X[i] * X[i] + Y * Y));
        }
        return temp * (B - A)/2;
    }

    double CRunWay::fGaussC(double A,double B,double Sigama,double Rp,Regular-
Target MyRunWay,double deltaL)
    {
        double X[8];
        double temp;
        double r0;
        double fi0;
        double fi1;
        long i;
        temp = 0;
        r0 = 0.5 * sqrt(deltaL * deltaL + pow((MyRunWay.W - 2
* MyRunWay.DS.TV2),2));
        fi0 = atan((MyRunWay.W - 2. * MyRunWay.DS.TV2)/deltaL);
        fi1 = atan((2 * Rp - (MyRunWay.W - 2 * MyRunWay.DS.TV2))/deltaL);
        for (i = 0;i < m_GaussSectors;i + +)
        {
            X[i] = (B - A) * Node[i]/2 + (A + B)/2;
        }
        for (i = 0;i < m_GaussSectors;i + +)
        {
            temp + = Weight[i] * (exp( - 0.5 * pow((0.5 * deltaL/cos(X[i])/Sigama),
2.)) - exp( - 0.5 * pow(((sqrt(Rp * Rp - r0 * r0 * pow(sin(X[i] + fi0),
2.)) + r0 * cos(X[i] + fi1))/Sigama),2)));
        }
        return temp * (B - A)/2;
    }

    BOOL CRunWay::DEI_MonteCarlo_E(long lngSimuTimes,RegularTarget GivenRunWay,
long lngMissileNum,Missile GivenMissile[],DEIndex &MyDEI)
    {
```

```
    BOOL blnRet = FALSE;
    switch(MyDEI.nFlag)
    {
    case hlDEI_DPR:
        {
            long lZD;
  blnRet = DPR_MonteCarlo_E( lngSimuTimes,GivenRunWay,lngMissileNum,GivenMis-
sile,MyDEI, lZD);
            break;
        }
    case hlDEI_PS:
        {
            switch(GivenRunWay.DS.nDS)
            {
            case hlDS_MLW:
                {
  blnRet = PSR_MonteCarlo_E( lngSimuTimes,GivenRunWay,lngMissileNum,GivenMis-
sile,MyDEI);
                    break;
                }
            /*
            case hlDS_DARatio:
                {
  blnRet = MyCal.ARD_MonteCarlo( lngSimuTimes,GivenRunWay,lngMissileNum,Given-
Missile,MyDEI);
                    break;
                }
            case hlDS_CARatio:
                {
  blnRet = MyCal.ARC_MonteCarlo( lngSimuTimes,GivenRunWay,lngMissileNum,Given-
Missile,MyDEI);
                    break;
                }
            default:
                {
                    MyDEI.nErr = hlERR_DSErr;
                    break;
                }
            }
            break;
```

```
            }
        case hlDEI_ARD:
            {
                long lZD;
    blnRet = DPR_MonteCarlo_E(lngSimuTimes,GivenRunWay,lngMissileNum,GivenMis-
sile,MyDEI, lZD);
    MyDEI.ARD = MyDEI.ANH * PI * GivenMissile[0].WHead.Rs * GivenMissile[0]
.WHead.Rs/(GivenRunWay.L * GivenRunWay.W);
                break;
            }
        case hlDEI_ANH:
            {
    blnRet = ANH_MonteCarlo_E(lngSimuTimes,GivenRunWay,lngMissileNum,GivenMis-
sile,MyDEI);
                break;
        }
        case hlDEI_DP:
            {
                if (GivenRunWay.DS.nDS = = hlDS_MLW)
                {
                    long lZD;
    blnRet = DPR_MonteCarlo_E(lngSimuTimes,GivenRunWay,lngMissileNum,GivenMis-
sile,MyDEI, lZD);
                    MyDEI.DP = MyDEI.DPR;
                }
                else
                {
                    blnRet = FALSE;
                    MyDEI.nErr = hlERR_DSErr;
                }
                break;
            }
        default:
            {
                MyDEI.nErr = hlERR_IndexNotExist;
                break;
            }
        }
        return blnRet;
    }
```

```
BOOL  CRunWay::WN_MonteCarlo_E(long lngSimuTimes,RegularTarget GivenRunWay,
Missile GivenMissile,NeedIndex &GivenIndex,long LZD)
  {
      long lngAimNum;
      long lngMissileNum;
      Missile NeedMissile[100];
      long L1;
      long i;
      BOOL blnRet = FALSE;
      switch(GivenIndex.Need.nFlag)
      {
      case hlDEI_DPR:
          {
              lngAimNum = long(GivenRunWay.L/GivenRunWay.DS.TV1);
              WN_Analytic_E(GivenRunWay,GivenMissile,GivenIndex);
  //          lngMissileNum = GivenIndex.nMissile - 1;
              lngMissileNum = 5;
              if (lngMissileNum < lngAimNum) lngMissileNum = lngAimNum;
              if (lngMissileNum > MISSILENUM_MAX)
              {
                  GivenIndex.Reach.nErr = hlERR_MNOverflow;
                  return FALSE;
              }
              GivenIndex.Reach.DPR = 0.;
              while(GivenIndex.Reach.DPR + 0.001 < GivenIndex.Need.DPR)
              {
                  for (i = 0;i < lngMissileNum; i + +)
                  {
                      NeedMissile[i] = GivenMissile;
                      GivenIndex.NeedMissile[i] = NeedMissile[i];
  NeedMissile[i].CEP = sqrt(GivenMissile.CEP * GivenMissile.CEP + GivenRun-
Way.PPrecision * GivenRunWay.PPrecision/9.);
                      L1 = i% lngAimNum;
                      if (L1 = = 0) L1 = lngAimNum;
  NeedMissile[i].Xaim = GivenRunWay.X - GivenRunWay.L/2 + L1 * GivenRunWay.L/
(lngAimNum + 1);
                      NeedMissile[i].Yaim = GivenRunWay.Y;
  GivenIndex.NeedMissile[i].Xaim = NeedMissile[i].Xaim;
  GivenIndex.NeedMissile[i].Yaim = NeedMissile[i].Yaim;
                  }
```

```
    //        long LZD
  DPR_MonteCarlo_E(lngSimuTimes,GivenRunWay,lngMissileNum,NeedMissile,Giv-
enIndex.Reach,LZD);
                GivenIndex.Reach.DPR = GivenIndex.Reach.DPR;
                if (GivenIndex.Reach.DPR + 0.001 < GivenIndex.Need.DPR)
                {
            /         * if (lngMissileNum < 30)
                    {
                        lngMissileNum + = 1;
                    }
                    else
                    {
                        GivenIndex.Reach.nErr = hlERR_MNOverflow;
                        return FALSE;
                    } * /
                    lngMissileNum + = 1;
                }
            }
            GivenIndex.nMissile = lngMissileNum;
            blnRet = TRUE;
            break;
        }
    default:
        {
            GivenIndex.Reach.nErr = hlERR_IndexNotExist;
            break;
        }
    }
    return blnRet;
}

BOOL  CRunWay::WN_MonteCarlo_L(long lngSimuTimes,
                              RegularTarget GivenRunWay,
                              Missile GivenMissile,
                              NeedIndex &GivenIndex,
                              double& AEW,
                              long LZD)
{
    long lngAimNum;
    long lngMissileNum;
```

```
Missile NeedMissile[MISSILENUM_MAX];
long L1;
long i;
BOOL blnRet = FALSE;
double PSuccess;
switch(GivenIndex.Need.nFlag)
{
case hlDEI_DPR:
    {
        lngAimNum = long(GivenRunWay.L/GivenRunWay.DS.TV1);
        WN_Analytic_E(GivenRunWay,GivenMissile,GivenIndex);
        PSuccess = GivenMissile.PSurvival * GivenMissile.PLaunch *
GivenMissile.PFly * GivenMissile.WHead.PPenetrate * GivenMissile.WHead.FRP;
        lngMissileNum = long(GivenIndex.nMissile/PSuccess) -1;
        if (lngMissileNum < lngAimNum) lngMissileNum = lngAimNum;
        if (lngMissileNum > MISSILENUM_MAX)
        {
            GivenIndex.Reach.nErr = hlERR_MNOverflow;
            return FALSE;
        }
        GivenIndex.Reach.DPR = 0.;
        while(GivenIndex.Reach.DPR + 0.001 < GivenIndex.Need.DPR)
        {
            for (i = 0;i < lngMissileNum; i + +)
            {
                NeedMissile[i] = GivenMissile;
                GivenIndex.NeedMissile[i] = NeedMissile[i];
NeedMissile[i].CEP = sqrt(GivenMissile.CEP * GivenMissile.CEP + GivenRun-
Way.PPrecision * GivenRunWay.PPrecision/9.);
                L1 = i% lngAimNum;
                if (L1 = =0) L1 = lngAimNum;
NeedMissile[i].Xaim = GivenRunWay.X - GivenRunWay.L/2 + L1 * GivenRunWay.L/
(lngAimNum +1);
                NeedMissile[i].Yaim = GivenRunWay.Y;
GivenIndex.NeedMissile[i].Xaim = NeedMissile[i].Xaim;
GivenIndex.NeedMissile[i].Yaim = NeedMissile[i].Yaim;
            }
DPR_MonteCarlo_L(lngSimuTimes,GivenRunWay,lngMissileNum,NeedMissile,Giv-
enIndex.Reach,AEW,LZD);
            GivenIndex.Reach.DPR = GivenIndex.Reach.DPR;
```

```
                if (GivenIndex.Reach.DPR +0.001 <GivenIndex.Need.DPR)
                {
                    if (lngMissileNum <MISSILENUM_MAX)
                {
                lngMissileNum + =1;
                }
                else
                {
                    GivenIndex.Reach.nErr = hlERR_MNOverflow;
                    return FALSE;
                }
            }
        }
        GivenIndex.nMissile = lngMissileNum;
        blnRet = TRUE;
        break;
        }
    default:
        {
            GivenIndex.Reach.nErr = hlERR_IndexNotExist;
            break;
        }
    }
    return blnRet;
}
BOOL  CRunWay::WN_Analytic_E(RegularTarget GivenRunWay,Missile GivenMissile,
NeedIndex& GivenIndex)
{
        long lngAimNum;;
        long lngMissileNum;
        lngAimNum = long(GivenRunWay.L/GivenRunWay.DS.TV1);
        lngMissileNum = lngAimNum;
        GivenIndex.Reach.DPR = 0.;
        while (GivenIndex.Reach.DPR <GivenIndex.Need.DPR)
        {
GivenIndex.Reach.DPR = DPR_Analytic_E(GivenRunWay, lngMissileNum,GivenMissile,
GivenIndex.Reach);
            if (GivenIndex.Reach.DPR <GivenIndex.Need.DPR) lngMissileNum + +;
        }
        GivenIndex.nMissile = lngMissileNum;
```

```
        return TRUE;
    }



BOOL CRunWay::GetExistMLW(RegularTarget GivenRunWay,
                          long lngSubWarHeadNum,
                          SubWarHead GSubWarHead[],
                          long& lngNs,
                          long& lngNw,
                            RectW FoundRectW[])
{
    long lngNsm;
    double Lb;
    double Le;
    long lngNsD;
    double Xm[800];
    double Ym[800];
    double Rm[800];
    long lngNsMlw;
    double Xmlw[500];
    double Ymlw[500];
    double Rmlw[500];
    long i,j,k;
    double tempX;
    lngNsm = 0;
    lngNsD = 0;
    for (i =0;i <lngSubWarHeadNum;i + +)
        {
            if(GSubWarHead[i].Ys > -0.5 * GivenRunWay.W - GSubWarHead[i].Rs
&& GSubWarHead[i].Ys <0.5 * GivenRunWay.W + GSubWarHead[i].Rs)
            {
                if((GSubWarHead[i].Xs > = -0.5 *
GivenRunWay.L&&GSubWarHead[i].Xs < =0.5 * GivenRunWay.L)
                    ||(GSubWarHead[i].Xs > -0.5 * GivenRunWay.L
- GSubWarHead[i].Rs && GSubWarHead[i].Xs <0.5 * GivenRunWay.L
+ GSubWarHead[i].Rs
                        && GSubWarHead[i].Ys > = -0.5 * GivenRunWay.W
&& GSubWarHead[i].Ys < 0.5 * GivenRunWay.W )
                    ||((GSubWarHead[i].Xs - ( -0.5 *
```

```
GivenRunWay.L )) * (GSubWarHead[ i ].Xs - ( -0.5 * GivenRunWay.L ))
                    + (GSubWarHead[ i ].Ys - ( -0.5 *
GivenRunWay.W )) * (GSubWarHead[ i ].Ys - ( -0.5 *
GivenRunWay.W )) < GSubWarHead[ i ].Rs * GSubWarHead[ i ].Rs
                  ||(GSubWarHead[ i ].Xs - (0.5 *
GivenRunWay.L )) * (GSubWarHead[ i ].Xs - (0.5 * GivenRunWay.L ))
                    + (GSubWarHead[ i ].Ys - (0.5 *
GivenRunWay.W )) * (GSubWarHead[ i ].Ys - (0.5 *
GivenRunWay.W )) < GSubWarHead[ i ].Rs * GSubWarHead[ i ].Rs
                  ||(GSubWarHead[ i ].Xs - ( -0.5 *
GivenRunWay.L )) * (GSubWarHead[ i ].Xs - ( -0.5 * GivenRunWay.L ))
                    + (GSubWarHead[ i ].Ys - (0.5 *
GivenRunWay.W )) * (GSubWarHead[ i ].Ys - (0.5 * GivenRunWay.W )) < GSubWarHead[ i ].Rs *
GSubWarHead[ i ].Rs
                  ||(GSubWarHead[ i ].Xs - (0.5 *
GivenRunWay.L )) * (GSubWarHead[ i ].Xs - (0.5 * GivenRunWay.L ))
                    + (GSubWarHead[ i ].Ys - ( -0.5 *
GivenRunWay.W )) * (GSubWarHead[ i ].Ys - ( -0.5 *
GivenRunWay.W )) < GSubWarHead[ i ].Rs * GSubWarHead[ i ].Rs))
                {
                    Xm[ lngNsD] = GSubWarHead[ i ].Xs;
                    Ym[ lngNsD] = GSubWarHead[ i ].Ys;
                    Rm[ lngNsD] = GSubWarHead[ i ].Rs;
                    lngNsD + =1;
                    if (GSubWarHead[ i ].Xs > = -0.5 * GivenRunWay.L  &&
GSubWarHead[ i ].Xs < = 0.5 * GivenRunWay.L
                      && GSubWarHead[ i ].Ys > = -0.5 *
GivenRunWay.W  && GSubWarHead[ i ].Ys < = 0.5 * GivenRunWay.W  )
                    {
                      lngNsm + =1;
                    }
                }
            }
        }
            lngNw = 0;
            if (lngNsD > 0)
            {
                Lb = -0.5 * GivenRunWay.L;
Le = -0.5 * GivenRunWay.L + GivenRunWay.DS.TV1;
                tempX = Lb;
```

```
                SortArrayHillABC(Xm, Ym, Rm, lngNsD);
                while (Le< =0.5 * GivenRunWay.L)
                {
                    lngNsMlw =0;
                    for (i =0;i <lngNsD;i + +)
                    {
                        if(Xm[i] >Lb - Rm[i]&&Xm[i] <Le + Rm[i])
                        {
    if(Ym[i] > -0.5 * GivenRunWay.W&&Ym[i] <0.5 * GivenRunWay.W
    ||(Xm[i] >Lb&&Xm[i] <Le&&Ym[i] > -0.5 * GivenRunWay.W - Rm[i]&&Ym[i] <0.5 *
GivenRunWay.W + Rm[i])
    ||((Xm[i] - ( -0.5 * GivenRunWay.L)) * (Xm[i] - ( -0.5 * GivenRunWay.L))
+ (Ym[i] - ( -0.5 * GivenRunWay.W)) * (Ym[i] - ( -0.5 * GivenRunWay.W )) <Rm[i] * Rm[i]
    ||(Xm[i] - (0.5 * GivenRunWay.L)) * (Xm[i] - (0.5 * GivenRunWay.L ))
+ (Ym[i] - (0.5 * GivenRunWay.W)) * (Ym[i] - (0.5 * GivenRunWay.W )) <Rm[i] * Rm[i]
    ||(Xm[i] - ( -0.5 * GivenRunWay.L)) * (Xm[i] - ( -0.5 * GivenRunWay.L ))
+ (Ym[i] - (0.5 * GivenRunWay.W)) * (Ym[i] - (0.5 * GivenRunWay.W )) <Rm[i] * Rm[i]
    ||(Xm[i] - (0.5 * GivenRunWay.L)) * (Xm[i] - (0.5 * GivenRunWay.L ))
+ (Ym[i] - ( -0.5 * GivenRunWay.W)) * (Ym[i] - ( -0.5 * GivenRunWay.W )) <Rm[i] * Rm[i]))
                            {
                                Xmlw[lngNsMlw] = Xm[i];
                                Ymlw[lngNsMlw] = Ym[i];
                                Rmlw[lngNsMlw] = Rm[i];
                                lngNsMlw + =1;
                            }
                        }
                        else if (Xm[i] >Le + Rm[i]) break;
                    }
                    if (lngNsMlw = =0)
                    {
                        for
(i =0;i <long(GivenRunWay.W/GivenRunWay.DS.TV2);i + +)
                        {
                        FoundRectW[lngNw].LT.X =Lb;
    FoundRectW[lngNw].LT.Y = -0.5 * GivenRunWay.W + (i +1) * GivenRunWay.DS.TV2;
                        FoundRectW[lngNw].RB.X =Le;
    FoundRectW[lngNw].RB.Y = -0.5 * GivenRunWay.W + i * GivenRunWay.DS.TV2;
                        lngNw + =1;
                    }
                    tempX =Le;
```

```
            }
            else
            {
            FindMLW( lngNsMlw,Ymlw,Rmlw, 0.5 * GivenRunWay.W,
GivenRunWay.DS.TV2,Lb,Le,lngNw,FoundRectW);
                if (Xmlw[0] < Lb)
                {
                    tempX = Xmlw[0] + Rm[0];
                }
                else if(Xmlw[0] - Rm[0] < Lb)
                {
                    tempX = Xmlw[0];
                }
                else
                {
                    tempX = Xmlw[0] - Rm[0];
                }
            }
            if (tempX = = Lb) tempX + = Rm[0];
            Lb = tempX; Le = tempX + GivenRunWay.DS.TV1;
        }
    }
    else
    {
        for (i = 0;i < long(GivenRunWay.L/GivenRunWay.DS.TV1);i + +)
        {
            for
(j = 0;j < long(GivenRunWay.W/GivenRunWay.DS.TV2);j + +)
            {
    FoundRectW[lngNw].LT.X = -0.5 * GivenRunWay.L + i * GivenRunWay.DS.TV1;
    FoundRectW[lngNw].LT.Y = -0.5 * GivenRunWay.W + (j + 1) * GivenRunWay.DS.TV2;
    FoundRectW[lngNw].RB.X = FoundRectW[lngNw].LT.X + GivenRunWay.DS.TV1;
    FoundRectW[lngNw].RB.Y = -0.5 * GivenRunWay.W + j * GivenRunWay.DS.TV2;
                lngNw + =1;
            }
        }
    }
    for (int kk = 0;kk < lngNw - 1;kk + +)
    {
        for (i = 0;i < lngNw - 1;i + +)
```